Mensch Computer Kommunikation 3
Herausgegeben von
Helmut Balzert und Gerhard Fischer

Dietmar Freiburg

Ergonomie in Dokumenten-Retrievalsystemen

W DE G

Walter de Gruyter · Berlin · New York 1987

Dr.-Ing., Dipl.-Inf. Dietmar Freiburg
ist Leiter der zentralen Aus- und Weiterbildung
bei der Software AG, Darmstadt

CIP-Kurztitelaufnahme der Deutschen Bibliothek

Freiburg, Dietmar:
Ergonomie in Dokumenten-Retrievalsystemen / Dietmar Freiburg. – Berlin ; New York : de Gruyter, 1987.
(Mensch-Computer-Kommunikation ; 3)
ISBN 3-11-011208-6
NE: GT

Satz: Arthur Collignon GmbH, Berlin. – Druck: Gerike GmbH, Berlin. – Bindearbeiten: Dieter Mikolai, Berlin. – Umschlagentwurf: Hansbernd Lindemann.

D 83

Vorwort

Die Erstellung leistungsfähiger Informations-Systeme ist eng mit der ergonomischen Gestaltung von Benutzer-Schnittstellen verbunden. Eine sorgfältige Analyse und Bewertung dieser Komponente der im Einsatz befindlichen Systeme im allgemeinen und Dokumenten-Retrievalsysteme im besonderen ist bisher unterblieben oder liegt nur in Form rudimentärer Ansätze vor. Die Anpassung der Mensch-Computer-Schnittstelle an Benutzergruppen und ihr mentales Verhalten sowie an Aufgabenstellungen der Benutzer bleibt nicht selten unberücksichtigt.

Das vorliegende Buch leistet einen Beitrag zur interdisziplinären Software-Ergonomie und liefert einen interessanten Ansatz zur Gestaltung im Bereich der Benutzer-Schnittstelle moderner Büroinformations- und -kommunikationssysteme. Für die Bewältigung der in diesen Systemen immer stärker hervortretenden Probleme des Wiederauffindens von Dokumenten werden Lösungsvorschläge für die Gestaltung der Interaktion angeboten und die Vorgehensweise bei der Entwicklung exemplarisch aufgezeigt. Insbesondere wird ein büroorientiertes Dokumenten-Retrievalsystem als kognitiv adäquates Werkzeug konzipiert. Der hier vorgestellte Ansatz orientiert sich an den Belangen der Benutzer solcher Systeme und geht vor allem auf deren Probleme im Umfeld von Bürokommunikationssystemen ein.

Die Lösungsidee basiert auf drei Modellen menschlichen Suchens: wiedererkennendes, beschreibendes und konzeptuelles Suchen. Die ersten beiden Strategien sind bereits in modernen Entwicklungen zu finden. Die Idee des konzeptuellen Suchens dagegen ist neu, und beruht auf den stark ausgeprägten menschlichen assoziativen Gedächtnisleistungen. Der hier vorgestellte Ansatz einer Orientierung am Benutzer mit seinen mentalen Modellen und kognitiven Charakteristika möge zur Sensibilisierung, Diskussion und Bewertung nichttechnischer Probleme von informationsverarbeitenden Systemen beitragen.

Berlin, im Februar 1987 *Uwe Pape*

Inhalt

1. Einleitung

> Wo nichts am rechten Platz liegt, da ist Unordnung. Wo am rechten Platz nichts liegt, da ist Ordnung.
>
> (Bert Brecht)

Trotz anerkannter Rationalisierungseffekte der traditionellen Datenverarbeitung in Büro und Verwaltung wird von Fachleuten die Produktivität in diesen Bereichen als gering angesehen. Denn anders als in der verarbeitenden Industrie hat sich der technologische Fortschritt der letzten Jahrzehnte in der Mehrzahl der Büros nur in Detailverbesserungen ausgewirkt. Die Folge davon beschreibt beispielsweise Zimmermann treffend wie folgt (Zimmermann 82, S. 443):

> „... auch heute noch ist der Hauptteil der Bürotätigkeit nicht die analytische Verarbeitung und das kreative Erzeugen neuer Informationen, sondern der Empfang von Informationen, deren Einordnung, Weitergabe, Verteilung, Abschreiben, Ablegen und Wiederfinden sowie weitere zeitraubende organisatorische und Verwaltungsaufgaben."

Darüberhinaus ist Büroarbeit durch folgende weitere Merkmale gekennzeichnet (Wisskirchen 83b, S. 15 f):

- hoher Grad an Nebenläufigkeit im Rahmen einer gemeinsamen Aufgabe,
- große Zahl von Alternativen bei der Lösung von Problemen,
- für Aufgaben existieren häufig keine globalen algorithmischen Lösungen,
- die Aufgabenteilung steht im organisatorischen Kontext,
- der Arbeitsstil ist gekennzeichnet durch die gleichzeitige Involvierung eines Mitarbeiters in mehrere Aufgaben.

In einer Vielzahl von wissenschaftlichen Arbeiten und Studien (siehe etwa (Karcher 81), (Nagel 82), (Szyperski 82), (Uhlig 82), (Busch 83), (Kay 83), (Wisskirchen 83a), (Barber 84), (Panko 84), (Suchman 84)) wurde in den vergangenen Jahren versucht, das Umfeld Büro sowie Gründe und Auswirkungen der skizzierten Situation zu analysieren, um daraus Kriterien für den sinnvollen Einsatz informationsverarbeitender Techniken abzuleiten.

Nach einer Studie von Booz-Allen & Hamilton (Booz 80) läßt sich zusammenfassend feststellen, daß es insbesondere einer Unterstützung von Fach- und Führungskräften im Bürobereich bedarf. Primär sind hierbei Aktivitäten wie:

Termine planen, Informationen suchen, ablegen, kopieren und Vorgänge kontrollieren durch neue Informationstechniken zu unterstützen. Laut Studie beträgt der Anteil dieser und ähnlicher Arbeiten ca. 30% der Arbeitszeit der genannten Gruppen. Zwar relativiert Higgins (Higgins 84) die Ergebnisse derartiger Untersuchungen indem er anführt, daß für die Analyse so dynamischer und komplexer Bereiche, wie sie Bürolandschaften darstellen, geeignete Methodologien fehlen. Dennoch bilden die Ergebnisse dieser Untersuchungen eine geeignete Grundlage für die Verdeutlichung der im Rahmen dieses Buches zu lösenden Probleme.

Bei Beobachtung des Büromarktes und der sich dort abzeichnenden Entwicklungstendenzen kann man klar erkennen, daß die Hersteller bereits reagiert haben und Systemlösungen anbieten – sogenannte Büroinformations- und Kommunikationssysteme – die alle die prinzipiell gleiche Zielrichtung verfolgen, nämlich die integrierte, computergestützte Nutzung vertrauter Medien (Text, Grafik, Akustik) in Form multifunktionaler Arbeitsplätze. Im einzelnen sollten diese Systeme folgende Kriterien erfüllen (Kreifelts 82, S. 395 f), (Zimmermann 82, S. 444):

- lokale Verarbeitungsfunktionen am Arbeitsplatz,
- Unterstützung von Kommunikationsprozessen,
- Zugang zu externen Datenbeständen,
- Anpaßbarkeit an organisatorischen Strukturen und den persönlichen Arbeitsstil,
- besonders einfache Handhabung,
- relativ geringe Kosten für Investition und Nutzung.

Textmanipulation, Ablegen und Suchen von Texten (Informationen) sind einige der häufigsten Aktivitäten im Umfeld Büro. Die hierbei anfallenden Informationen (Briefe, Nachrichten, Notizen, Berichte, Zeitungsartikel und dergleichen) sind in der Regel unstrukturiert, stark kontextabhängig und beinhalten häufig einen Zeitbezug. Bemühungen, **büroadäquate Retrievalsysteme** auf der Basis von Datenbanksystemen oder traditionellen Dokumenten-Retrievalsystemen (DRS) zu konzipieren, haben bislang aus verschiedenen Gründen keine befriedigende Ergebnisse erbracht (Sacco 84, S.104 f). Eine ausführliche Analyse der Ursachen erfolgt in den Kapiteln 2 und 3.

Die meisten der heute kommerziell angebotenen Dokumenten-Retrievalsysteme für den Einsatzbereich Büro sind in multifunktionalen Bürokommunikationssystemen integriert. Ihre Funktionalität ist äußerst begrenzt und entspricht weitgehend einer direkten Abbildung traditioneller, manueller Ablageorganisationen nach dem Schema: Aktenschrank, Fach, Ordner. Der Benutzer organisiert dabei seine Informationen zwangsweise in einer starren Hierachie, die er bei der späteren Informationssuche berücksichtigen muß. Bezogen auf die Datenstrukturierung entspricht das dem Prinzip hierachischer Datenbankmodelle und führt damit zu den bekannten Suchfrage-Problemen derartiger Systeme. Hierbei führen potentiell nur solche Anfragen zum Erfolg, die implizit die zugrundeliegende logische Datenstrukturierung berücksichtigen. Schweppe (Schweppe 79, S. 11) bezeichnet diese Einschränkung als die restriktivste bei der Nutzung derart strukturierter Systeme.

Als weiteres Problem erweist sich die Tatsache, daß die Büroumgebung nicht mit der Einsatzmgebung traditioneller Dokumenten-Retrievalsysteme vergleichbar ist. Dokumenten-Retrievalsysteme wurden in der Vergangenheit und werden heute noch überwiegend im Bibliothekswesen eingesetzt und auch speziell dafür konzipiert. Untersuchungen von Croft und Sacco (Croft 84, S. 22 f), (Sacco 84, S. 105 f) machen diese Unterschiede deutlich und unterstreichen die Forderung nach Systemen, die den Anforderungen einer modernen Bürolandschaft gerecht werden.

1.1 Ziel und Vorgehensweise

Ziel dieses Buches ist es, durch eine Weiterentwicklung bestehender Ansätze von Dokumenten-Retrievalsystemen unter Einbeziehung geeigneter Modellvorstellungen der Benutzer zur Realisierung **aufgabenadäquater** und **benutzerorientierter** Dokumenten-Retrievalsysteme speziell für den Einsatz im Büro beizutragen. Basierend auf einer Analyse spezifischer Teilaktivitäten an Büroarbeitsplätzen und unter Beachtung kognitiver, menschlicher Randbedingungen wird ein Modell erarbeitet, das geeignet sein soll, die Mitarbeiter im Büro bei ihren Tätigkeiten wirkungsvoll zu unterstützen.

Hierzu werden in **Kapitel 2** einige bestehende **Zusammenhänge zwischen Informatik und Psychologie aufgezeigt,** die zu einer Verbesserung soziotechnischer Systeme (zum Begriff soziotechnische Systeme siehe (Rühl 75)) genutzt werden können. Es wird eine begriffliche Grundlage vorgestellt, aus der heraus Anforderungen für die Mensch-Computer-Kommunikation im Rahmen eines büroorientierten Dokumenten-Retrievalsystems abgeleitet werden.

In **Kapitel 3** erfolgt eine **Analyse ausgewählter DRS-Entwicklungen,** das heißt solcher Systeme, die vom Verbreitungsgrad oder von der Konzeption her für die in diesem Buch verfolgte Zielsetzung interessant sind. Insbesondere hinsichtlich der Aspekte Funktionalität, Aufgabenintegration und Benutzungsoberfläche wird untersucht, inwieweit sich Lösungsansätze auf ein neu zu konzipierendes büroorientiertes Dokumenten-Retrievalsystem übertragen lassen. Die Analyse berücksichtigt aktuelle Forschungsansätze ebenso wie klassische Dokumenten-Retrievalsysteme und solche Systeme die als Bestandteil von neueren Bürokommunikationssystemen speziell für den Einsatz im Büro angeboten werden.

Ausgehend von den in Kapitel 2 definierten Anforderungen und den Ergebnissen der Analyse in Kapitel 3, die klar einen Mangel in der Benutzungsoberfläche und in der Aufgabenintegration erkennen lassen, wird in **Kapitel 4** ein **Konzept für ein neues bürooorientiertes Dokumenten-Retrievalsystem** entwikkelt. Der hierbei gewählte Ansatz stellt nicht – wie in der Informatik üblich – softwaretechnische Kriterien in den Mittelpunkt der Betrachtung, sondern basiert auf einem adäquaten **Benutzermodell** (das mentale Modell des Benutzers von dem System). Unter Einbeziehung der Arbeitsumgebung und des persönlichen Arbeitsstils werden daraus operationale Entwurfskriterien für den Systementwurf (siehe Kapitel 5) abgeleitet.

In **Kapitel 5** erfolgt der **Entwurf eines experimentellen Systems auf der Ebene der Benutzungsoberfläche.** Auf der Basis des in Kapitel 4 entwickelten Konzepts wird unter Berücksichtigung gegebener Randbedingungen die Dialog-Schnittstelle vollständig entworfen und methodisch beschrieben. Das Ergebnis bildet die Grundlage für die in diesem Zusammenhang implementierten experimentellen Teilsysteme eines bürooorientierten Dokumenten-Retrievalsystems.

In **Kapitel 6** erfolgt eine **abschließende Beurteilung** des Systems und der gewählten Vorgehensweise. Offene Fragen beziehungsweise Schwachstellen in der Konzeption werden diskutiert und Lösungsmöglichkeiten für zukünftige Entwicklungen aufgezeigt.

1.2 Thematische Abgrenzung

Dieses Buch leistet keinen wissenschaftstheoretischen Beitrag zu Kernfragen der DRS-Forschung hinsichtlich der Verfahren zur inhaltlichen Erschließung und Repräsentation natürlichsprachlicher Texte in Dokumenten-Retrievalsystemen, sondern baut auf bekannten und weitgehend erforschten Methoden des „Coordinate Indexing" (Salton 83, S. 10–50) auf. Tiefergehende Inhaltsbeschreibungen auf semantischer Ebene, die Gegenstand von Forschungsschwerpunkten in Teilbereichen der Künstlichen Intelligenz darstellen, wie etwa „Knowledge Representation" oder „Semantische Netze", werden nicht berücksichtigt. Derartige Systeme sind bis heute nicht über das Experimentierstadium hinausgekommen – was insbesondere für die Erschließung deutschsprachiger Texte gilt (Steinacker 84, S. 1 f). Diesbezügliche Fragestellungen sind derart spezifisch, daß sie im Rahmen der hier definierten Zielsetzung nicht behandelt werden, sondern nur Inhalt gesonderter Arbeiten sein können (siehe hierzu beispielsweise (Wegener 77), (Schott 78), (Jochum 82), (Barbi 84), (Laubsch 84), (Rösner 84), (Steinacker 84), (Rollinger 85)).

Ebenso beschäftigt sich dieses Buch nicht mit organisatorischen und Managementproblemen, die beim Aufbau und Einsatz von bürorientierten Dokumenten-Retrievalsystemen in der Praxis zu lösen sind (spezifische Aspekte hierzu finden sich beispielsweise in (Culnan 84) und (Malone 85)).

2. Benutzer- und Aufgabenorientierung in der Mensch-Computer-Kommunikation

> Despite this research the user interface design process is still more of an art than a science.
>
> (E. Bertino, 1985)

Im Zuge der technologischen Entwicklung auf dem Hardware-Sektor – was sich insbesondere in den drastischen Veränderungen der Preis- und Leistungsdaten der Hardware nachvollziehen läßt – ist in vielen Bereichen des täglichen Lebens ein enormer Bedarf an informationsverarbeitenden Systemen entstanden. Die Erschließung immer neuer Anwendungsbereiche hat zu einer Fülle von unterschiedlichster Software für diese Systeme geführt. Zweifellos sind dabei eine Reihe nützlicher Softwareprodukte entstanden; jedoch muß einschränkend festgestellt werden, daß diese Produkte im günstigsten Fall durch Entwurfsmethoden des Software-Engineering geprägt sind, Methoden des Human-Engineering (Software-Ergonomie oder kognitive Ergonomie) aber unberücksichtigt blieben. So stehen dem Benutzer zwar immer leistungsfähigere Rechnersysteme zur Verfügung, die darauf operierende Software steht dazu aber häufig in krassem Gegensatz. Obskure Fehlermeldungen, intolerante und inkonsistente Benutzereingaben sowie verwirrende Bildschirminhalte sind dabei eher die Regel als die Ausnahme. Der Benutzer ist unsicher und frustriert, er fühlt sich überfordert, wenn er mit Systemen konfrontiert wird, die auf ihn unverständlich und damit abschreckend wirken.

Die Ursache hierfür liegt weniger in der Nachlässigkeit der System-Entwickler, sondern ist in fehlenden Prinzipien und Methoden der Software-Ergonomie begründet. Bisher stand die Frage nach möglichst optimalen Algorithmen oder strukturierter Programmierung im Vordergrund. Überlegungen, wie Daten und Ergebnisse dem Benutzer sinnvoll zu präsentieren sind beziehungsweise welche mentalen Stärken und Schwächen des Menschen dabei zu berücksichtigen sind, wurden nicht oder nur ansatzweise angestellt. Diese Situation hat in jüngster Zeit zu verstärkten interdisziplinären Forschungsaktivitäten auf dem Gebiet der Software-Ergonomie geführt. Man hat erkannt, daß der Entwurf von guten Mensch-Computer-Schnittstellen einer der wichtigsten Aufgaben im Rahmen der Entwicklung interaktiver Systeme ist (Landauer 85). In diesem Abschnitt werden deshalb aus der Sicht der Informatik und Psychologie Forschungsansätze diskutiert, die geeignet scheinen, gültige Entwurfskriterien für die Gestaltung einer adäquaten Benutzungsoberfläche, zumindest im Kontext dieses Buches, zu definieren. Die Schwierigkeit, allgemeingültige Kriterien hierfür festzulegen, beschreibt Bertino wie folgt (Bertino 85, S. 38):

> „Ultimately, it is not possible to be dogmatic about interfaces. Indeed only by fully understanding the functions of a particular system and the characteristics of its potential users can the designer determine all the desirable interface features."

2.1 Grundlagen menschlicher Informationsverarbeitung

Die sinnvolle Nutzung von Computersystemen durch den Menschen wird entscheidend durch sein eigenes informationsverarbeitendes System bestimmt. Die Basis zu Betrachtungen des menschlichen informationsverarbeitenden Systems bildet die Kognitionswissenschaft oder Cognitive Science. Maßgebliche Impulse hierzu gehen von den Arbeiten von H.A. Simon und A. Newell aus (Simon 84), (Newell 72); Fischer und Kling greifen in ihrem Artikel (Fischer 80) diese Arbeiten auf und machen die grundlegende Bedeutung für viele Bereiche der Informatik deutlich. Gegenstand dieser Wissenschaft sind die kognitiven Fähigkeiten des Menschen, sie umfassen Denken, Problemlösen, Gedächtnis, Lernen und Wahrnehmen (Huber 84, S. 253).

Die Bedeutung der kognitiven Fähigkeiten des Menschen für den Entwurf von Mensch-Computer-Systemen beschreibt Böcker treffend so (Böcker 84, S. 7):

> „Wenn man technische Systeme bauen will, die von Menschen benutzt werden sollen, dann ist es wichtig zu wissen, welcher Art die Prozesse sind, die auf Seiten der Benutzer dieser Systeme ablaufen. Neben den kognitiven Prozessen im engeren Sinn sind für die vom Designer von Mensch-Computer Systemen zu lösenden Aufgabenstellungen insbesondere die Eigenschaften des visuellen Systems des Menschen von Relevanz."

Basierend auf der von Newell und Simon (Newell 72) entwikkelten Theorie, daß das informationsverarbeitende System des Menschen prinzipiell mit den gleichen Mitteln wie das eines Computers beschreibbar ist (Böcker 84, S. 7), werden im folgenden ein einfaches Modell des menschlichen informationsverarbeitenden Systems sowie die daraus resultierenden Einflußfaktoren auf die Gestaltung von Mensch-Computer-Systemen beschrieben.

Die allgemeine Struktur des informationsverarbeitenden Systems des Menschen kann durch das Modell in Abb. 2–1 dargestellt werden (Mayer 81, S. 122), (Fischer 82a, S. 59), (Böcker 84, S. 8).

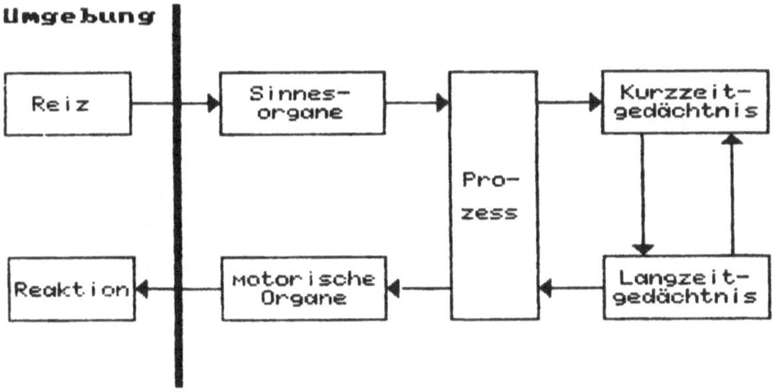

Abb. 2–1: Modell des menschlichen informationsverarbeitenden Systems

Über die Sinnesorgane erhält das System aus der Umgebung Informationen (Reize), die dem Kurzzeitgedächtnis zugeführt werden. Zum Zweck der Assimilation werden diese Informationen dann dem Langzeitgedächtnis übergeben und sobald sie erkannt werden, dem Kurzzeitgedächtnis in entsprechend aufbereiteter Form zur weiteren Verarbeitung überlassen (Mayer 81, S. 121 f). Die Modellvorstellung geht weiter davon aus, daß diese Zustände unter der Kontrolle eines einfachen zyklischen Interpretationsprozesses erzeugt werden.

Theorien über kognitive Prozesse implizieren grundsätzlich, daß das Gedächtnis bei allen kognitiven Aktivitäten eine Rolle spielt. Dabei sind neben der Speicherkapazität des Gedächtnisses auch die Prozesse des Einspeicherns und Abrufens von Informationen von eminenter Bedeutung. Die im Modell enthaltenen kritischen Komponenten im Rahmen des Entwurfs von Mensch-Computer-Systemen sind deshalb insbesondere das menschliche **Gedächtnis** sowie die darauf operierenden elementaren **Prozesse** und das menschliche **visuelle System.**

(1) Das menschliche Gedächtnis

Das menschliche Gedächtnis bestimmt aufgrund seiner begrenzten Verarbeitungsgeschwindigkeit wesentlich die Ausprägung der Dialogkomponente bei Mensch-Computer-Systemen. In zahlreichen psychologischen Experimenten wurden in der Vergangenheit die Eigenschaften des menschlichen Gedächtnisses analysiert, eine Zusammenfassung der wichtigsten Ergebnisse enthält Abb. 2–2. Hierbei wird die Kapazität des Gedächtnisses in „Chunks“ gemessen, eine Maßzahl für die größtmögliche zusammenhängende Zeichenstruktur, die ein Mensch als begriffliche Einheit auffassen kann. In Simon (Simon 84, S. 80)

	Kurzzeit-gedächtnis	Langzeit-gedächtnis	Sensorische Speicher
Kapazität	ca. 4 Chunks	unbegrenzt (?)	ikonisch: ca. 12 Chunks
Kodierungsform	auditiv	?	"direkt"
Zugriffs-geschwindigkeit a) lesend b) schreibend	 0,1 - 0,2 Sek. 0,3 Sek.	 2 Sek. für den ersten Chunk, 0,1-0,2 Sek. für die folgenden 8 Sek.	
Zugriffs-organisation	sequentiell FIFO	a) unmittelbar b) assoziativ	
Verweilzeit	ca. 20 Sek.	unbegrenzt	ikonisch:0,5 Sek. echonisch: 5 Sek.

Abb. 2–2: Das menschliche Gedächtnis und seine Parameter (Böcker 84, S. 9) (vom Verfasser hinsichtlich der Kapazitätsangabe des Kurzzeitgedächtnisses modifiziert)

wird dieser Begriff im Zusammenhang mit der von Simon und Feigenbaum entwickelten EPAM-Theorie erläutert. Es gibt hierbei allerdings große individuelle Unterschiede, wobei nach Huber (Huber 84, S. 253) zwei Arten solcher Differenzen erkennbar sind: **interindividuelle** Unterschiede, sie beziehen sich auf die Fähigkeiten verschiedener Personen, sowie **intraindividuelle** Unterschiede, sie ergeben sich bei ein und derselben Person im Laufe ihres Lebens.

(2) Die elementaren Prozesse

Die elementaren Prozesse bei der menschlichen Informationsverarbeitung faßt Böcker (Böcker 84, S. 10) wie folgt zusammen:

- Lesen aus dem Gedächtnis (Ausgabe der Information an die Umgebung),
- Schreiben in das Gedächtnis (Aufnahme von Informationen aus der Umgebung),
- Kopierprozesse zwischen den Gedächtnissen,
- Erzeugungsprozesse in den Gedächtnissen,
- Löschprozesse,
- Vergleichsprozesse zwischen Gedächtnisinhalten.

Die im Zusammenhang mit kognitiven Aufgaben ablaufenden elementaren Prozesse sind aber stark abhängig von der Art der gestellten Aufgabe und wie diese subjektiv repräsentiert wird. Darüberhinaus spielt der individuelle kognitive Stil des Menschen (die Art zu denken, zu lernen und wahrzunehmen) eine maßgebliche Rolle.

(3) Das menschliche visuelle System

Das visuelle System des Menschen ist von außerordentlicher Leistungsfähigkeit gekennzeichnet. So ist der Mensch in der Lage, beliebige bildliche Informationen in kürzester Zeit zu verarbeiten. Der Prozeß des Wiedererkennens spielt hierbei eine zentrale Rolle (dies ist in der Psychologie unter dem Phänomen der Gestaltwahrnehmung bekannt). Der Mensch versucht dabei das Gesehene auf ihm bekannte Strukturen abzubilden, wobei bildhaftes Wiedererkennen und die Interpretation des Erkannten als Nachricht sich gegenseitig nicht ausschließen (Gorny 84, S. 55 – 57). Die in Mensch-Computer-Systemen zunehmend eingesetzte Fenstertechnik (Windows) beispielsweise, macht zweifellos von dieser Eigenschaft Gebrauch. Einige interessante Beispiele, die die Stärken des menschlichen visuellen Systems verdeutlichen, sind in (Böcker 84, S. 11 – 14) enthalten.

Als Randbedingungen der menschlichen Informationsverarbeitung können zusammenfassend herausgestellt werden (Gunzenhäuser 84, S. 230):

- das **Kurzzeitgedächtnis**, das eine beschränkte Kapazität von etwa 4 Chunks und eine sehr beschränkte Verweildauer der Informationen von etwa 20 Sekunden aufweist;
- das **Langzeitgedächtnis**, für das eine beschränkte Schreibgeschwindigkeit von etwa 1 – 2 Chunks pro Sekunde charakteristisch ist;
- spezifische **Gedächtnisstrukturen** des Menschen, die etwa „Rekognition" (Wiedererkennen von Informationen, die beispielsweise in einem Menü dargestellt werden) von „Recall" (vorhandenes Wissen, wie es beispielsweise bei der Formulierung von Befehlen einer Kommandosprache benötigt wird) unterscheiden;

– das **visuelle System** des Menschen mit seinen phänomenologischen Eigenschaften des Wiedererkennens.

Ausgehend von den grundlegenden Betrachtungen des menschlichen informationsverarbeitenden Systems und den daraus gewonnenen Ergebnissen wird im folgenden Abschnitt eine Modellvorstellung zur Mensch-Computer-Kommunikation entwickelt, um daraus geeignete Entwurfskriterien abzuleiten.

2.2 Modellvorstellungen zur Mensch-Computer-Kommunikation

Der Versuch, allein das Phänomen „menschliche Kommunikation" wissenschaftlich einzugrenzen oder zu definieren, ist bislang in mannigfaltiger Weise unternommen worden. So reicht das Spektrum von der physikalischen Energie- und Signalübertragung bis zu philosophisch-theologischen Mythen. Nach Köck (Köck 84, S. 24) führt dann auch:

> „... die Aufgabe einer Kommunikationstheorie direkt in die Paradoxien der erkenntnistheoretischen Letztbegründungen, denn der Gegenstand einer Kommunikationstheorie ist auch ein Mittel ihrer Darstellung."

Es ist daher nicht beabsichtigt, hier eine neue Theorie über menschliche oder Mensch-Computer-Kommunikation aufzustellen; siehe hierzu beispielsweise die viel zitierte Definition von Kupka, Maass und Oberquelle (Kupka 82) (die jedoch inzwischen Molzberger (Molzberger 84, S. 271–275) für die Definition der Mensch-Computer-Kommunikation aufgrund der nicht algorithmisierbaren pragmatischen Kriterien der Definition als ungeeignet einstuft). Vielmehr wird hier die Forschung zur Mensch-Computer-Kommunikation als eine ingenieurwissenschaftliche Disziplin verstanden und folglich sind Theorien, die keine praktische Relevanz haben, von untergeordneter Bedeutung (Fischer 82a, S. 57). Diese Auffassung vertreten beispielsweise auch Schneider und Thomas in ihrem Artikel „The Humanization of Computer Interfaces" (Schneider 83, S. 253):

> „Why isn't the design of computer interfaces more like a science? Why can't the people who design interfaces be more like engineers?"

Grundsätzlich kann man davon ausgehen, daß die Konventionen der zwischenmenschlichen Kommunikation anders geartet sind als die der Kommunikation zwischen Mensch und Computer. Die wesentlichen Unterschiede sind in Abb. 2–3 zusammengefaßt.

Faktor	Mensch	Computer
Informations-verarbeitungs-prozeß	nicht deterministisch, subjektiv, intuitiv, kreativ, semantisch, pragmatisch	deterministisch, objektiv, algorithmisch, formal, syntaktisch
Logik	"was", eigene Vorstellungen über das System und die Problemstellung (internes System-Modell)	"wie", Programmstruktur, Datenstrukturen, Datenorganisation, prozedural
Kommunikation / Interaktion	kontextabhängig, mündlich, schriftlich, sensitiv	kontextunabhängig, schriftlich, keine Einstellung auf den Partner möglich

Abb. 2–3: Charakteristik der Kommunikation bei Mensch und Computer

Branscomb und Thomas vertreten in diesem Zusammenhang die Auffassung, daß Menschen **nicht mit**, sondern **über** Computersysteme kommunizieren (Branscomb 84, S. 225). Diese Sichtweise läßt einen Umdenkungsprozeß in der Diskussion zur Mensch-Computer-Kommunikation erkennen. Nicht die Kommunikation mit dem Computer ist das eigentliche Problem, sondern die Kommunikation mit dem auf dem Computer abgebildeten **Problembereich** (siehe Abb. 2–4).

Aus Gründen einer einheitlichen Terminologie wird in der weiteren Diskussion der Aspekt des Problembereichs unter dem Begriff Mensch-Computer-Kommunikation subsummiert. Denn vordergründiges Ziel bei der Mensch-Computer-Kommunikation ist nach wie vor, den sehr eingeschränkten Kommunikationskanal zwischen Mensch und Computer möglichst optimal zu nutzen, oder sogar zu erweitern. Die Maxime beim Entwurf interaktiver Systeme kann deshalb nur sein, die Stärken jeder Seite herauszuarbeiten und sinnvoll einzusetzen.

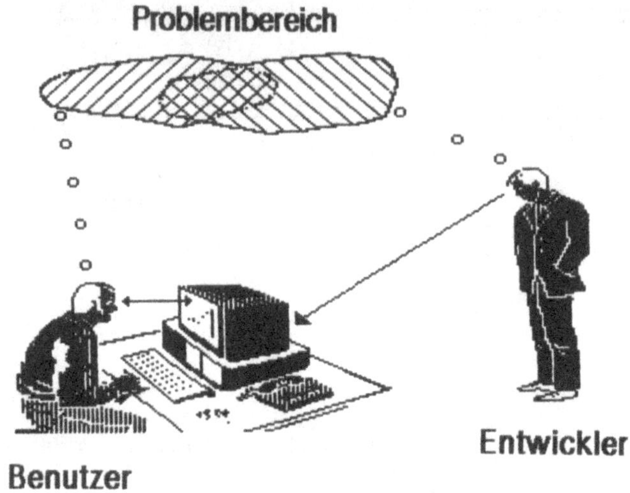

Abb. 2–4: Die Bedeutung des Problembereichs bei der Mensch-Computer-Kommunikation

Modellvorstellungen zur Mensch-Computer-Kommunikation spielen hierbei eine zentrale Rolle. Grundlage dieser Überlegung bildet eine Modellvorstellung (Fischer 82a, S. 72–80) und (Fischer 84, S. 330 ff), bei der Modelle in drei Bereichen von Bedeutung sind. In Analogie zur Abb. 2–4 ist es jedoch erforderlich, diesen Ansatz um den Aspekt des **Problembereichs** zu erweitern (siehe Abb. 2–5).

Damit ergeben sich folgende relevante Modellvorstellungen:

1) die Modelle des **System-Entwicklers**
   a) von dem typischen **Benutzer** und
   b) von dem **Problembereich**, anhand deren er sein System entwirft;

2) die Modelle des **Benutzers**
   a) von dem **System** und
   b) von dem **Problembereich**, mit dem er es zu tun hat;

3) die Modelle des **Systems** von den **Benutzern**.

(1) Die Modelle des System-Entwicklers

Oberstes Ziel bei der Gestaltung von Mensch-Computer-Systemen ist, die Vorstellungen (das Wissen) des Benutzers über das System in die Definition der Schnittstelle mit einzubeziehen.

Die Annahme, daß System-Entwickler schon deshalb gute Mensch-Computer-Systeme realisieren, da sie ja selbst Menschen sind, trifft nur bedingt zu.

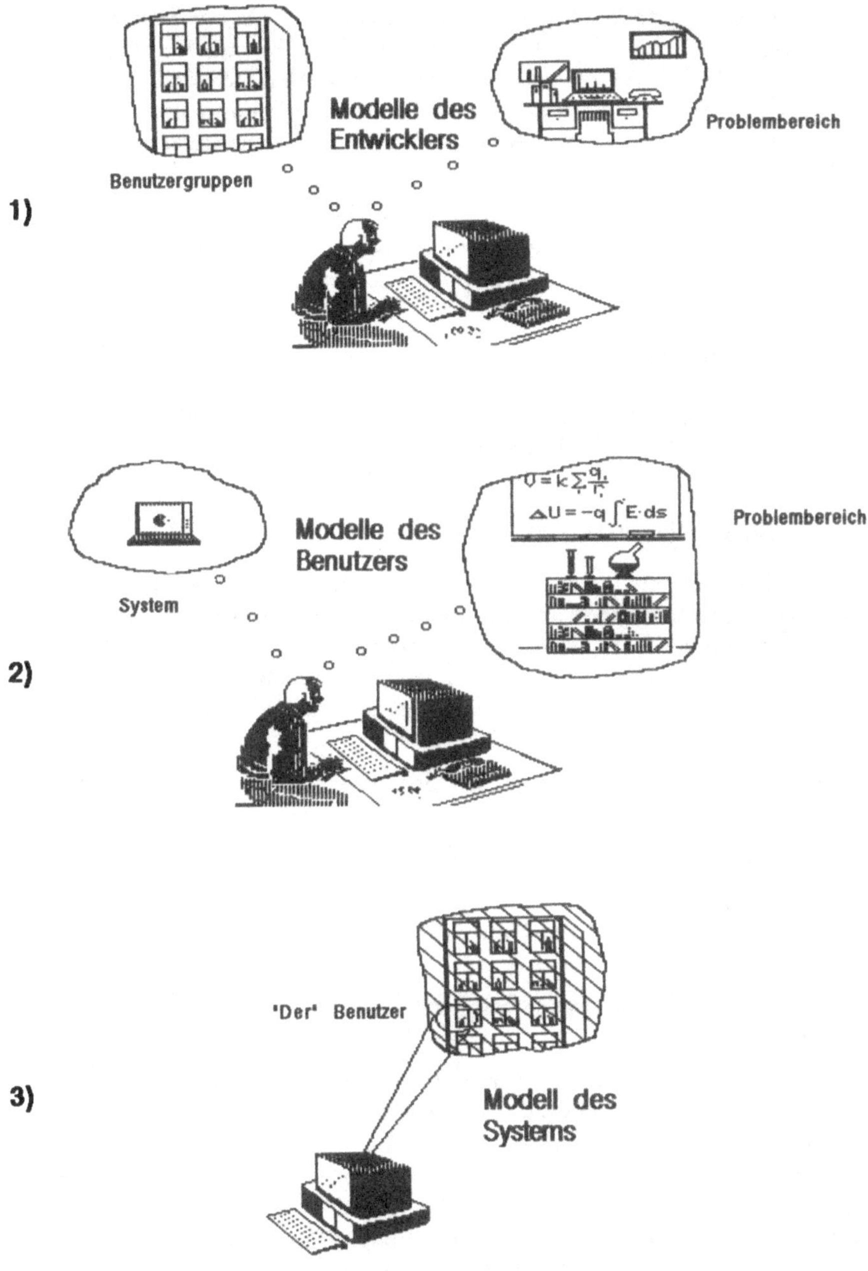

Abb. 2–5: Die Modelle in der Mensch-Computer-Kommunikation (Fischer 84, S. 331) (vom Verfasser erweitert)

Jeder Mensch hat andere kognitive Strukturen, ihm eigene Vorstellungen und Intentionen. Den typischen Benutzer gibt es nicht. Es sind eine Reihe inter- und intraindividueller Unterschiede vorhanden (siehe Abschnitt 2.1). Das trifft insbesondere dann zu, wenn es sich, wie in diesem Fall, um so unterschiedliche Benutzertypen wie Experten, Nichtexperten und Gelegenheitsbenutzer handelt.

Es gilt also Vorstellungen und Intuitionen des Entwicklers über mögliche Benutzer sowie den betrachteten Problembereich explizit werden zu lassen. Nur so ist es möglich, Systeme gezielt entwickeln und an Benutzerbedürfnisse adaptieren zu können.

Ein möglicher Lösungsansatz kann hier die Entwicklung von Prototyp-Systemen sein (mit stereotypischen Benutzerverhalten), die im Zuge der Rückkopplung mit den Benutzern an die jeweiligen Bedürfnisse adaptiert werden. Die Modelle stellen hierbei geeignete Modellierungshilfen dar.

(2) Die Modelle des Benutzers

Wenn Menschen mit Systemen umgehen, erzeugen sie ihre persönlichen Vorstellungen (mentale Modelle) über diese Systeme. Die Modelle weichen um so stärker von der Realität ab, je komplexer die Systeme sind (siehe beispielsweise Abb. 2–6). Untersuchungen haben ergeben, daß mentale Modelle, die Menschen von komplexen Systemen haben, unvollständig, ungenau und voller Inkonsistenzen sind (Fischer 84, S. 336).

Im Kontext dieser Betrachtung haben mentale Modelle des Benutzers folgende Bedeutung:

- sie definieren die **Funktionalität** des Systems in Erwartung des Benutzers, bezogen auf den Problembereich;
- sie definieren die **System-Philosophie**, entsprechend dem „Weltbild“ des Benutzers;
- sie definieren das **Systemverhalten** bezüglich der **Kommunikation** mit dem System.

Das Benutzen komplexer Systeme (hier die Interaktion mit dem Computer) ist für den Menschen mit Lernen verbunden (Tauber 84, S. 348–350), er bezeichnet dies als „Entwicklung von Kompetenz“). Das bedeutet, daß der Mensch bestrebt ist sein mentales Modell in einer Art iterativem Prozeß der Realität anzugleichen. Mensch-Computer-Systeme sollten diesen evolutionären Prozeß in geeigneter Weise unterstützen, wobei anzustreben ist, daß Konzepte **verstanden** werden können und nicht auswendig gelernt werden müssen (Mayer 81, S. 123). Nur so erlangen interaktive Systeme für den Benutzer **Werkzeugcharakter** mit hohem Wirkungsgrad.

(3) Die Modelle des Systems

Die Bedeutung von Modellen (Annahmen), die im System die potentiellen Benutzer und deren Verhaltensweisen definieren, nimmt in dem Maße zu, wie spezifische Kenntnisse und Erfahrungen auf der Benutzerseite abnehmen (beispielsweise Gelegenheitsbenutzer). Derartige Modelle sind geeignet, zur Überwindung von inter- und intraindividuellen Differenzen bei den Benutzern beizutragen.

Intendiertes Ziel ist dabei, Systeme so auszustatten, daß sie fähig sind, benutzer- und kontextspezifische Unterstützung zu leisten. Möglichkeiten dieses Ziel zumindest ansatzweise zu erreichen besteht darin, daß Systeme über alternative Schnittstellen im Rahmen eines Gesamtkonzepts verfügen, sowie diese selbsterklärend zu gestalten (Lauter 82), (Zeidler 82).

Weitere Ansätze dieser Art verfolgen das Ziel, auf der Basis kognitiver Benutzermodelle, das System lernfähig zu machen und damit in die Lage zu versetzen, sich automatisch auf den jeweiligen Benutzer einzustellen. Hierbei handelt es sich jedoch um ein kaum erforschtes Gebiet.

Die Modelle haben grundsätzlich die Funktion, das zu entwerfende System für alle Beteiligten **erklärbar** und **vorhersagbar** zu machen. Daß das nicht selbstverständlich ist, mag das Ergebnis einer empirischen Untersuchung über die Nutzung komplexer Software-Systeme (Fischer 82a, S.77 f) verdeutlichen:

Die Studie ergab, daß die meisten Benutzer komplexer informationstechnischer Systeme nur etwa 40% der Funktionalität dieser Systeme nutzen. Für Systeme wie beispielsweise das Bertiebssystem UNIX ergibt sich die in Abb. 2–6 dargestellte Situation (vergleiche auch (Hanson 84)).

Die Bereiche haben dabei folgende Bedeutungen:

B1: Die Teilmenge der Konzepte (Befehle), die ein Benutzer beherrscht und ohne Probleme benutzen kann.

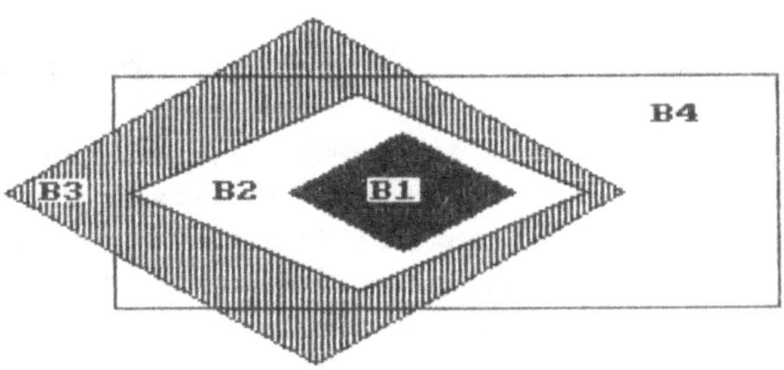

Abb. 2–6: Nutzungsproblematik bei komplexen Systemen (Fischer 84, S. 330)

B2: Die Teilmenge der Konzepte (Befehle), über deren Existenz der Benutzer zwar Kenntnisse hat, sie aber aus Unsicherheit nur unter Zuhilfenahme des Online-Hilfe- Systems benutzt.

B3: Die Menge von Konzepten (Befehlen), die nach Meinung des Benutzers das System beinhaltet (sein mentales Modell von dem System).

B4: Das eigentliche System. B3 und B4 stehen dabei nicht in einer Unter- oder Obermengenrelation zueinander. Einerseits gibt es Befehle im System, die der Benutzer nicht vermutet, andererseits sucht er Befehle, die im System nicht enthalten sind.

Die zuvor aufgeführten Modellziele (erklärbar und vorhersagbar), werden grundsätzlich auch durch den Einsatz von Methoden und Werkzeugen des **Software-Engineering** angestrebt. Diese messen dann auch der Definitionsphase – die Phase intensiver Auseinandersetzungen mit den Auftraggebern (vielleicht auch Benutzern) – steigende Bedeutung zu, beschränken sich jedoch in der Regel auf die Definition der Funktionalität des zu entwerfenden Systems. Die Auseinandersetzung mit den eigentlichen zukünftigen Benutzern findet nicht oder nur ansatzweise statt (Balzert 82, S. 97–99), (Tauber 84, S. 350), (Gould 85). Vorschläge, die Spezifizierung der Benutzerschnittstelle mittels formaler Methoden im Rahmen des Software-Engineering vorzunehmen, finden sich beispielsweise in (Jacob 83).

Ansätze, wie sie mit der **partizipativen Systementwicklung** verfolgt werden, sind zwar grundsätzlich zu begrüßen, können aber nur bedingt erfolgreich sein. Denn häufig sind Personen nicht in der Lage, ihre Tätigkeiten explizit zu beschreiben und haben keine oder nur geringe Kenntnisse über Möglichkeiten und Grenzen moderner Computer-Systeme.

Die hier diskutierten Modelle zur Mensch-Computer-Kommunikation werden in Kapitel 4 als Grundlage der Entwurfsentscheidungen für das zu konzipierende System herangezogen.

2.3 Dialoggestaltung und Informationsdarstellung

Im Zentrum der Betrachtungen zur Mensch-Computer-Kommunikation steht der Mensch und der Begriff der Schnittstelle. Alle Versuche, allgemeingültige Architekturprinzipien für die Gestaltung von Mensch-Computer-Schnittstellen aufzustellen, müssen daher die kognitiven Stärken und Schwächen des Menschen an den Anfang aller Überlegungen stellen. So bilden die Ergebnisse der Betrachtungen über das menschliche informationsverarbeitende System (siehe Abschnitt 2.1), sowie über die mentalen Modelle des Menschen (siehe Abschnitt 2.2), maßgebliche Determinanten im Hinblick auf grundlegende Entwurfskriterien (Nullmeier 83). Die wesentlichen Aspekte, die sich daraus ableiten lassen, werden im folgenden im Rahmen eines systematischen Überblicks über allgemeine Entwurfskriterien diskutiert.

Neben der zentralen Rolle des Menschen können im wesentlichen vier Haupteinflußbereiche festgestellt werden, die beim Entwurf von Mensch-Computer-Schnittstellen zu berücksichtigen sind. Die Bedeutungen der einzelnen Kriterien, insbesondere unter den oben aufgeführten menschlichen Randbedingungen, werden im folgenden dargestellt.

2.3.1 Menschliche Faktoren

Ausgangspunkt für die Nutzung von Mensch-Computer-Systemen durch den Menschen ist sein **mentales Modell** über das System. Wie in Abschnitt 2.2 beschrieben, definiert es unter anderem die Systemphilosophie entsprechend dem „Weltbild“ des Benutzers. Es bildet die Grundlage für Lernprozesse im Umgang mit dem System. In welchem Maß die Erzeugung adäquater Modelle systemseitig unterstützt wird, hängt entscheidend von der Systemphilosophie ab. Man unterscheidet hierbei zwischen **Emulation** und **Innovation** mentaler Modelle (Bertino 85, S. 39).

Emulative Modelle benutzen Analogien, übertragen bekannte Strukturen und vorhandenes Wissen und erzeugen so eine „bekannte Modellwelt“, in der mit bekannten Prozessen operiert wird. **Innovative Modelle** erfordern die Entwicklung neuer Vorstellungen und Denkweisen, sie erzeugen neue Strukturen, auf denen mit synthetischen Prozessen operiert wird.

Es ist offensichtlich, daß emulative Modelle von Menschen schneller, leichter und adäquater zu erzeugen sind, als innovative Modelle. Systeme, die selbst Analogie-Modelle als Grundlage ihrer Systemphilosphie beinhalten, unterstützen demnach den Prozeß der Modellbildung beim Menschen besser, als Systeme, die keine Analogien benutzen. Eine Reihe von Systemen, die auf Analogie-Modellen basieren, sind inzwischen auf dem Markt, so beispielsweise XEROX-Star (Seybold 81) oder Apple-Lisa und McIntosh, sowie sogenannte Desktop-Software für Personal Computer wie etwa GEM (Graphics Environment Manager von Digital Research) oder MS-Windows (von Microsoft).

Doch gibt es neben den erwähnten Vorteilen auch gravierende Nachteile bei der Verwendung von Analogie-Modellen (Lee 85a, S. 4-6):

- Es ist nicht a priori gut und sinnvoll, die gewohnte Umgebung und Arbeitsweise „identisch“ auf den Computer zu übertragen. Es ist vielfach nicht die effektivste Art, Benutzer an Systeme heranzuführen.

- Analogie-Modelle neigen dazu, zuviel zu erklären und bereitzustellen. Viele Aspekte sind irrelevant für den Benutzer oder überladen ihn.
- In Analogie-Modellen lassen sich nicht alle Aspekte geeignet repräsentieren. Das führt zur Verunsicherung des Benutzers. Daraus folgt, daß ein Modell, das von der Realität in angemessener, gleichbleibender Distanz abstrahiert, grundsätzlich besser ist, als ein Modell, das unterschiedliche Abstraktionsebenen beinhaltet. Eine gezielte Kombination von emulativen und innovativen Modellen dürfte hier eine geeignete Lösung bieten.

2.3.2 Interaktionsformen

Die Art und Weise der Interaktion mit System hat weitreichende Auswirkungen auf den Benutzer. Insbesondere sind es die folgenden Kriterien, die Rückwirkungen auf das menschliche informationsverarbeitende System haben.

(1) Funktionsmächtigkeit

Dieser Aspekt ist nicht losgelöst von der System-Funktionalität zu sehen. Ohne die Betrachtung des konkreten Problembereichs, können nur grundsätzliche Aussagen hierzu gemacht werden. Im Hinblick auf menschliche Gedächtnisstrukturen sollte **der Umfang der zur Verfügung stehenden Kommandos eher gering sein.** Auf die Verwendung von unterschiedlichen kontextabhängigen **Kommando-Modi sollte verzichtet werden,** denn diese Art der Kommandobereitstellung erfordert vom Benutzer intensive Konzentration, führt dennoch häufig zu Irritationen und damit unter anderem zu ungewollten Systemaktionen. Die Vermeidung verschiedener Kommando-Modi reduziert die Fehlerrate erheblich. Norman fordert in diesem Zusammenhang ebenfalls die Vermeidung von Modi: „Do not have modes" (Norman 83, S. 255). Die Kommandostruktur sollte so konzipiert sein, **daß Ergebnisse schnell zu erreichen sind.** Lange Kommando-Sequenzen zur Erreichung einfacher Ergebnisse bewirken auf Dauer eine Ablehnung des Systems.

(2) Manipulationstechniken

Die Art und Weise, wie der Benutzer Objekte des Systems generell manipulieren kann, wird unter dem Begriff Manipulationstechnik zusammengefaßt. Grundsätzlich lassen sich zwei Arten unterscheiden: die **direkte Manipulation** (Shneidermann 83), bei der der Benutzer Aktionen durch Zeigen oder Demonstrieren auslöst (beispielsweise mit einer Maus) und die **beschreibende Manipulation** (Hammer 83), bei der Aktionen durch Eingabe von Kommandos (definierte Syntax oder natürlichsprachlich) gesteuert werden.

Die **direkte Manipulation** hat gegenüber der beschreibenden Manipulation eine Reihe von Vorteilen, insbesondere für ungeübte und Gelegenheitsbenutzer. So entfällt das Lernen einer komplexen Kommando-Syntax. Der Benutzer erkennt bei direkter Manipulation Kommandos wieder und muß sich nicht aktiv daran erinnern. Häufig liegt derart konzipierten Systemen das **WYSIWYG-Prinzip** zugrunde (What You See Is What You Get), wobei initiierte Aktionen und Ergebnisse direkt dem Benutzer angezeigt werden (beispielsweise bei neuen Textverarbeitungssystemen, bei denen die Benutzung von Attributen wie Fettdruck nicht durch obskure Steuerzeichen auf dem Bildschirm gekennzeichnet werden, sondern durch Darstellung des entsprechenden Bereichs mit doppelter Helligkeit).

Das WYSIWYG-Prinzip kollidiert allerdings mit dem **Delegationsprinzip** (Bökker 84, S. 42). Hierbei wird dem System beispielsweise eine Kommandosequenz übergeben und ohne schrittweise Rückkopplung ausgeführt (zum Beispiel die Sequenz „Edit-Compile-Execute"). Praktikable Systeme müssen hier mit einem Kompromiß „leben".

Systeme, die nach dem Prinzip der **beschreibenden Manipulation** konzipiert sind, haben gegenüber Systemen mit direkter Manipulation Vorteile, wenn es sich bei den Benutzern dieser Systeme um Experten handelt. Effektive Kommandos führen in der Regel schneller zum Ziel und sind variabler in der Verwendung. Allerdings sollten auch hier die Kommandos einfach in der Syntax und intuitiv in der Bedeutung sein.

(3) Dialog-Techniken

Die beiden Manipulationsprinzipien (siehe Punkt (2)) finden ihre Realisierung in einer Reihe verschiedener Dialog-Techniken, die im folgenden dargestellt werden:

- **Einfacher Frage-Antwort Dialog**
  Diese Art läßt nur einen relativ **begrenzten Dialog** zu. In der Regel bedarf es langer Dialogsequenzen bis zur Erreichung des gewünschten Ziels. Für sporadische Benutzer in Verbindung mit einem sehr eingeschränkten Problembereich sind derartige Systeme noch vertretbar.
- **Kommando-Sprache**
  Hiermit lassen sich **für geübte Benutzer effiziente Dialoge** gestalten. Für ungeübte und Gelegenheitsbenutzer ist diese Form weniger geeignet, da sich der Benutzer aktiv an Kommandos und deren Bedeutung erinnern muß (Landauer 83). Eine Auswertung der von Samet (Samet 81, S. 79–83) beschriebenen Query-Sprachen für Datenbank- und Retrievalsysteme ergibt, daß von den insgesamt 135 betrachteten Formalismen die überwiegende Zahl, nämlich 87%, Kommando-Sprachen sind.

- **Funktions-Tasten**
  Diese Art ist häufig bei **dedizierten Systemen** zu finden (beispielsweise bei Textverarbeitungssystemen), wobei bestimmte Tasten der Tastatur (Funktionstasten) mit bestimmten Kommandos gekoppelt sind. Wenn die Funktionalität dieser Systeme relativ begrenzt ist und die Funktionstasten mit der spezifischen Bedeutung gekennzeichnet sind, können Systeme dieser Art relativ einfach gehandhabt werden.

- **Menüs**
  Menügesteuerte Systeme sind aus heutiger Sicht **am ehesten geeignet, ungeübte und Gelegenheitsbenutzer angemessen zu unterstützen.** Zu jeder Zeit ist eine kontextabhängige Übersicht über mögliche Kommandos zu realisieren. Die menschliche Stärke des **Wiedererkennens** wird dabei ausgenutzt. Das gilt sowohl für Kommandos als auch für deren Objekte. Werden Menüs mit den Möglichkeiten der Fenstertechnik kombiniert, lassen sich Informationsstrukturen auch visuell aufbereiten, was beispielsweise zu einer leichteren Orientierung im System führt.

- **Symbol-Sprachen (Ikons)**
  Systeme dieser Art basieren auf **Analogie-Modellen** in Verbindung mit symbolischen Bildelementen (Piktogrammen), wobei die Stärken des menschlichen visuellen Systems genutzt werden. Bei diesen Systemen treffen allerdings die Einschränkungen zu, wie sie in Abschnitt 3.2.1 diskutiert werden. Das bedeutet, daß derartige Systeme nur dann sinnvoll sind, wenn es sich um einen abgegrenzten Problembereich mit wenigen Kommandos und Objekten handelt. Darüberhinaus erfordern diese Systeme die Benutzung eines Zeigeinstrumentes (Maus).

- **Natürliche Sprache**
  Natürlichsprachliche Systeme gestatten die Formulierung der Kommandos in der natürlichen Sprache. Einschränkend muß jedoch festgestellt werden, daß aufgrund der Komplexität der natürlichen Sprache immer nur eine Untermenge der jeweiligen Sprache Gültigkeit hat. Zwar erfordern diese Systeme für den Benutzer nur eine geringe Einlernzeit, beinhalten aber aufgrund der Diffizilität der natürlichen Sprache mannigfaltige Fehlermöglichkeiten, was besonders gravierend ist, da derartige Systme dem Benutzer keine oder nur wenig Hilfe anbieten können.

Die Vor- und Nachteile der verschiedenen Dialogmethoden sind in Abb. 2–7 nochmal zusammenfassend dargestellt. Berücksichtigt sind die Aspekte **Einsatzgebiet, Benutzertyp** sowie die mehr **allgemeinen Eigenschaften** Erlernbarkeit (als Maß für die leichte Erlernbarkeit einer Dialogform), Handhabbarkeit (als Maß für die leichte Anwendbarkeit/Handhabung einer Dialogform) und Effizienz (als Maß für die Eignung einer Dialogform, damit einen gezielten, effizienten Dialogverlauf zu realisieren).

		Einf. Dialog	Komm. sprache	Funkt. tasten	Menüs	Ikons	natürl. Sprache	Prog. Sprache
Einsatz-gebiet	Eignung für abgegr. Problembereich	+	-	+	+	+	-	-
	Eignung für offenen Problembereich	-	+	-	-	-	+	+
Benutzer-typ	Eignung für Gelegenheitsbenutzer	+	-	o	-	+	o	-
	Eignung für Experten	-	+	+	o	-	-	+
Allgemeine Eigenschaften	Erlernbarkeit	+	-	o	+	+	+	-
	Handhabbarkeit	+	+	+	+	o	+	-
	Effizienz	-	+	+	o	o	-	+

Abb. 2–7: Charakteristik von Dialogmethoden

2.3.3 Informationsdarstellung

Überlegungen unter diesem Gesichtspunkt haben die Frage zum Inhalt, wie Informationen möglichst effektiv dem Benutzer zu präsentieren sind, damit eine „optimale" Interaktion stattfinden kann. Hierzu sind folgende Aspekte von Bedeutung:

(1) Selektive Informationsdarstellung

Systeme sollten über die Fähigkeit der **selektiven Informationsdarstellung** verfügen. Dem Benutzer sind in jeder Situation nur die für ihn relevanten Informationen zu präsentieren. Es sollten gute **Navigationswerkzeuge** verfügbar sein, die ein gezieltes „Sichten" auch größerer Informationsmengen erlauben (beispielsweise mit fensterorientierten Browsern). In diesem Zusammenhang leitet Fischer (Fischer 82a, S. 98) die These ab, daß

> „... die begrenzte Ressource bei der menschlichen Informationsverarbeitung die Aufmerksamkeit ist und nicht die Menge der verfügbaren Information".

(2) Visualisierung

Systeme sollten der effizienten Verarbeitung visueller Informationen durch den Menschen Rechnung tragen (Fischer 82a, S. 99). Die Form der dargestellten

Information auf dem Bildschirm muß dazu beitragen, daß sie leicht verständlich und schnell zu interpretieren ist, etwa durch die **Vorstrukturierung der Arbeitsumgebung** oder der **Visualisierung von Informationsstrukturen.** Hierzu sind menügesteuerte und fensterorientierte Systeme besser geeignet, als Kommandosprachen auf einem zeilenorientierten Bildschirm (Morland 83).

(3) **Anpassungsfähigkeit**

Systeme sollten den **unterschiedlichen Kenntnisstand** sowie die **unterschiedlichen Modellvorstellungen** der Benutzer berücksichtigen. Die weitreichendsten Ansätze in dieser Richtung setzen wissensbasierte Systeme voraus, die sich automatisch auf verschiedene Benutzertypen einstellen können. Praktikable und damit pragmatische Ansätze gehen von stereotypen Benutzermodellen aus, die wahlweise aktiviert werden können. So ist beispielsweise eine Kombination zwischen menü- und kommandogesteuerten Systemen möglich oder eine mehrstufige Hierachie ständig verfügbarer Hilfs- und Erklärungsinformationen, um sowohl den Gelegenheitsbenutzer als auch den Experten angemessen bedienen zu können.

2.3.4 Rückkopplungsmechanismen

Bei Systemen, die primär für Nichtexperten und Gelegenheitsbenutzer konzipiert werden, spielen Rückkopplungsmechanismen, die den Benutzer über den Systemzustand und die Wirkung seiner Eingaben informiert, eine wesentliche Rolle. Einerseits sind sie geeignet, vorhandene **Hemmschwellen abzubauen,** andererseits tragen sie in einem erheblichen Maß dazu bei, **das mentale Modell über das System zu korrigieren.** Im einzelnen können folgende Systemeigenschaften unter diesem Aspekt zusammengefaßt werden:

(1) **Benutzerstatus**

Hierunter sind alle Eigenschaften zu subsummieren, die dem Benutzer eine **Kontrolle seiner eigenen Aktivitäten** ermöglichen. Dazu zählen beispielsweise das Hervorheben von aktuellen Objekten oder Menüeinträgen durch invertierte Darstellung, doppelter Helligkeit oder Blinken. Ebenso die Zurückweisung falscher und ungültiger Eingaben durch akustische oder optische Signale, sowie die Einrichtung, folgenschwere Aktionen (beispielsweise das Löschen einer ganzen Datei) durch den Benutzer nochmals bestätigen zu lassen (Confirm).

(2) Systemstatus

Der Systemstatus gibt dem Benutzer **Kontrollmöglichkeiten über den aktuellen Zustand des Systems.** Für die hier betrachtete Benutzergruppe sind neben statischen Anzeigen des jeweiligen Zustandes des Systems insbesondere dynamische, sogenannte „time-consuming“ und „percent-done“ Anzeigen sinnvoll. Diese Anzeigen stellen sicher, daß der Benutzer niemals in einem vagen, nicht eindeutig definierbaren Zustand belassen wird. Einen Überblick über derartige Methoden finden sich in (Myers 85).

(3) Benutzer-Hilfe

Benutzer-Hilfen sind heute in vielen Dialogsystemen fester Bestandteil. Ursprünglich dazu gedacht, in weiten Teilen ein technisches System-Handbuch (Manual) zu ersetzen, geht man indessen dazu über, Hilfesysteme mit gezielten didaktisch aufbereiteten Strategien für verschiedene Zielgruppen zu versehen. Dies soll zu einem **problemlosen Zugang zu den Systemen** führen. Begriffe wie aktive oder passive Hilfe-Systeme, Assistenten oder Tutorials erlangen in unterschiedlichen Kontexten zunehmend an Bedeutung. Einen umfassenden Überblick hierzu gibt (Houghton 84).

(4) Undo-Komponente

Eine wichtige Systemeigenschaft zur Senkung der Hemmschwelle bei Benutzern ist die Undo-Komponente. Sie ermöglicht dem Benutzer bereits ausgeführte Aktionen wieder rückgängig zu machen. Diese Möglichkeit fördert im hohen Maß **das Kennenlernen des Systems durch gezieltes Ausprobieren** (learning by doing). Von der Erkenntnis, durch Fehler am besten zu lernen, wird hierbei Gebrauch gemacht.

(5) Fehlerbehandlung

Trotz anerkannter großer Bedeutung von Fehlerbehandlungseinrichtungen fristen die meisten Systeme in dieser Hinsicht ein Schattendasein. Obskure, unverständliche Fehlermeldungen sind eher die Regel als die Ausnahme. So ist beispielsweise die Fehlermeldung „ungültige Eingabe“ genausowenig sinnvoll, wie die Fehlermeldung „Fehler 127“. Das System muß nicht nur in der Lage sein, dem Benutzer gezielte unmißverständliche Fehlermeldungen anzubieten, sondern sollte im Bedarfsfall Vorschläge für die korrekte Eingabe unterbreiten können.

Darüberhinaus sollten Systeme bedingt fehlertolerant sein. Gute Fehlerbehandlungsmechanismen tragen in erheblichem Umfang dazu bei, daß der Benutzer seine Kenntnisse und sein Wissen über das System (sein mentales

Modell) in geeigneter Weise modifizieren und verifizieren kann. Einen Überblick über typische Benutzerfehler und deren Klassifikation gibt Norman (Norman 83), (Engelmann 85). Er unterscheidet:

- **Modus-Fehler**
  Die Anwendung eines Kommandos, gültig für den Verarbeitungsmodus A, führt im Verarbeitungsmodus B zur ungültigen oder falschen Aktion. Norman fordert in diesem Zusmmenhang „Do not have Modes" (Norman 83, S. 255).
- **Beschreibungs-Fehler**
  Sie treten auf, wenn unvollständige Eingaben erfolgen oder Funktionstasten oder Kommandos verwechselt werden. Unter Umständen treten hierbei irreversible Effekte auf.
- **Konsistenz-Fehler**
  Mangelnde Konsistenz in der Kommando- oder Eingabe-Syntax führen zu fehlerhaften Eingaben.
- **Fehler durch Kommando-Kombination**
  Wenn Kommandos als Kommandosequenzen zur Verfügung stehen, besteht die Gefahr, aus Gründen der Komplexität, nur die mächtigeren Kommandos zu nutzen (Erinnerung). Das führt häufig zu ungewollten Aktionen.
- **Aktions-Fehler**
  Diese Fehler treten auf, wenn aufgrund von Unkenntnis oder Vergessen eine notwendige Aktivität nicht ausgeführt wird.

Zur Reduzierung dieser Fehler schlägt Norman Entwurfs-Prinzipien vor, die im Rahmen dieses Kapitels bereits diskutiert wurden (Brown 83). Hierzu gehören:

- gute Rückkopplungsmechanismen,
- das Uniformitätsprinzip,
- die Existenz einer Undo-Komponente,
- eine konsistente Systemarchitektur.

2.3.5 Ein-Ausgabe-Komponenten

Komponenten für die Ein- und Ausgabe von Informationen (Daten) bilden die physikalischen Kontaktstellen zwischen Mensch und Computer. Die Bedeutung und der Einfluß dieser Komponenten auf die zuvor dargestellten Entwurfskriterien von Mensch-Computer-Systemen ist unbestritten. So wäre beispielsweise die Realisierung von Analogiemodellen mittels symbolischer Kommandosprache (Ikon) ohne die Existenz von hochauflösenden, grafikfähigen Bildschirmen nicht möglich gewesen. Ebenso werden die zukünftigen Möglichkeiten der Spracherkennung und Sprachausgabe die Diskussion völlig neuer Aspekte erfordern. Das bedeutet, daß neue Technologien für Mensch-Computer-Systeme in hohem Maße die Entwurfskriterien für diese Systeme beeinflussen und verändern.

Die Peripherie heutiger Systeme sollte so ausgelegt sein, daß sie das Prinzip „what you see is what you get" ermöglichen. Dazu gehören beispielsweise ein hochauflösender Grafik-Bildschirm mit entsprechendem Manipulationswerkzeug sowie eine grafikfähige Druckausgabe (beispielsweise Laser-, Tinten- oder Nadeldrucker).

2.4 Abbildung auf ein Schichtenmodell

Die bisherigen Betrachtungen zum Entwurf von Mensch-Computer-Systemen umfassen lediglich allgemeingültige Entwurfs-Prinzipien und -Methoden. Erst nach eingehender Analyse und Definition des konkreten Problembereichs können diese präzisiert und in einem prototypischen System realisiert werden. Um diese Vorgehensweise zu unterstützen, ist ein strukturiertes, schrittweises Vorgehen sinnvoll. Im folgenden wird versucht, die bisher diskutierten Aspekte in einem Schichtenmodell zu integrieren. Dieses Modell basiert auf Ansätzen von Moran (Moran 81b), Coutaz (Coutaz 84) und Ziegler (Ziegler 85) und ermöglicht ein Top-Down Vorgehen beim Entwurf von Mensch-Computer-Systemen (siehe Abb. 2–8).

Benutzer		Computer
Modell des Problembereichs	Pragmatische Ebene (Modelle)	Anwendungssystem (Ablaufmodell)
Funktionales Modell des Systems	Semantische Ebene (Objekte, Funktionen)	Monitor
Dialogmethoden	Syntaktische Ebene (Dialogstrukturen)	Dialog-Manager
Interaktions-ausführung	Physikalische Ebene (Interaktionen)	Ein- Ausgabe-Manager

Abb. 2–8: Schichten-Modell der Mensch-Computer-Kommunikation (Ziegler 85)

Das Schichtenmodell besteht aus vier Ebenen, im einzelen haben sie folgende Bedeutung:

1) Die **pragmatische Ebene** beschreibt den eigentlichen Problembereich in Form eines konzeptionellen Modells. Sie ist gekennzeichnet durch die Probemstellung sowie dem Wissen und den Annahmen darüber und definiert damit die Menge der vom System zu bearbeitenden Aufgaben.

2) Die **semantische Ebene** beschreibt die Funktionalität des Systems, also die speziellen Methoden und Verfahren zur Problemlösung mit dem System. Für den Benutzer erfolgt eine klare Trennung der zu manipulierenden Objekte und der auf diesen Objekten anzuwendenden Funktionen (auf der Basis spezieller, objektbezogener Kommandos).

3) Die **syntaktische Ebene** enthält die Definition der sprachlichen Kommunikation zwischen Benutzer und System (Benutzeraktion und Systemfeedback). Hier wird festgelegt, wie einzelne Funktionen sprachlich aktiviert werden können und wie die Wirkungen von Kommandos interpretiert werden.

4) Die **physikalische Ebene** beschreibt die beobachtbaren operativen Benutzerhandlungen, sowie die sichtbare Seite des Systems (Systemantworten). In einer Art Interaktionsprotokoll wird der sequentielle Ablauf des Dialogs festgelegt. In dieser Ebene werden auch hardwarespezifische Aspekte der Ein-Ausgabe-Komponenten behandelt.

Die Ebenen 1 und 2 beschreiben, **was** das System leistet, die Ebenen 3 und 4, **wie** das System zu handhaben ist. Das Modell trägt neben der Unterstützung einer Top-Down-Entwicklung von Mensch-Computer-Systemen dazu bei, daß die vielschichtigen Einflußfaktoren auf den Entwurf von Mensch-Computer-Systemen besser zuordnungsfähig werden. Darüberhinaus fördert ein derartiges Modell eine saubere Trennung der Dialog-Komponente vom eigentlichen Programmsystem und unterstützt damit im softwaretechnischen Sinn eine unabhängige Spezifikation und Entwicklung der einzelnen Komponenten. Dies fördert andererseits den Einsatz von Prototyping während der Entwicklung.

2.5 Das Büro als Anwendungsfeld / Problembereich

Das Büro mit seinem Umfeld repräsentiert ein derart komplexes Gebilde, daß es bis heute nicht gelungen ist, das Büro als informationstechnisches Objekt adäquat zu beschreiben. Allein der Versuch, vorhandene Kommunikationsstrukturen im Büro zu analysieren, scheitert spätestens an den nicht erfaßbaren, aber wesentlichen informellen Kommunikationskanälen. Ebenso schwierig gestaltet sich die Beschreibung von Tätigkeiten, insbesondere dann, wenn es sich bei den betrachteten Gruppen um Fach- und Führungskräfte handelt (diese Gruppen repräsentieren den größten Anteil der Mitarbeiter im Büro). Ihre Tätigkeiten sind vielfach entscheidungsorientiert, sowie durch ein hohes Maß an Nebenläufigkeit gekennzeichnet. Hogg (Hogg 85, S. 138) bezeichnet in diesem Zusammenhang die gesamte Büro-Funktion als „Exception Handling Activity".

Unter diesen Randbedingungen ist es eher sinnvoll, die für die betrachteten Benutzergruppen essentiellen Informationssysteme als adäquate Werkzeuge zu konzipieren und mit guten Benutzerschnittstellen auszustatten, als zu versuchen, ganze Bürofunktionen zu automatisieren. Wie schon im Abschnitt 2.2 herausgestellt, ist es bei dem Entwurf einer solchen Schnittstelle von entscheidender Bedeutung, sowohl spezifische Verhaltensweisen des Menschen (Benutzers), als auch den Problembereich mit seinen Parametern möglichst umfassend zu analysieren und bei der Konzeption zu berücksichtigen (Fox 82 S. 28 f), (Meyer 79, S. 7 f).

2.5.1 Organisation der persönlichen Arbeitsumgebung

> „Basic research on human organization and action is relevant to office information systems insofar as innovation in design is tied to innovation in the underlying conception of the activity that the design supports." (Suchman 83, S. 327)

Büroarbeitsplätze sind grundsätzlich so verschieden, wie die Menschen die an ihnen arbeiten. Trotzdem lassen sich einige wesentliche allgemeingültige Kriterien definieren, nach denen Büroarbeitsplätze organisiert sind. Zu prüfen ist, in welchem Maß diese Kriterien Einfluß auf den Entwurf eines Bürodokumenten-Retrievalsystems haben, um menschliches intuitives Verhalten und menschliche Heuristiken und Gewohnheiten in einem derartigen System zu integrieren. Eine Analyse der Arbeiten von Malone (Malone 83) und Suchman (Suchman 83), (Suchman 84), die unter verschiedenen Aspekten den Bürobereich untersucht haben, sowie eigene Beobachtungen ergeben folgende Situation:

Die Organisation im Büro ist zweifellos dokumentenorientiert. Betrachtet man einen typischen Büroarbeitsplatz mit seiner Umgebung (mit Papieren, Ablagen, Stapeln, Körben, Ordnern, Tischen und Schränken), kann festgestellt werden, daß das **wichtigste Organisationsmittel Aktenordner und Ablagestapel** sind. Bei der Anordnung dieser Dinge lassen sich zunächst individuelle Unterschiede (beispielsweise mehr oder weniger ausgeprägt persönliche Ordnungsliebe), sowie arbeitsbedingte Unterschiede (Arbeitsplätze mit wenigen oder vielen Routinetätigkeiten) erkennen. Unter Beachtung dieser Gegebenheit lassen sich folgende Erkenntnisse formulieren:

1) An schwach strukturierten Arbeitsplätzen (Fach- und Führungskräfte) sind mehr Ablagestapel vorhanden als an stark strukturierten Arbeitsplätzen.

2) Diese Ablagestapel sind – wenn überhaupt – nach vagen, intuitiven Kriterien geordnet. Ihre räumliche Anordnung ist häufig ein wesentliches Kriterium zum Auffinden von Information.

3) Stark strukturierte Arbeitsplätze sind bei überwiegend routinierten Arbeiten eher vorzufinden als bei unstrukturierten Arbeitsinhalten.

4) Bei der Anordnung von Ablagestapeln steht neben der Funktion des leichten Wiederauffindens von Informationen häufig die Funktion des Erinnerns im Vordergrund. (Malone fand in einer Analyse, daß etwa 67% der untersuchten Ablagestapel lediglich die Funktion des Erinnerns erfüllten (Malone 83, S. 107).)

5) Die kognitive Schwierigkeit, Informationen zu klassifizieren, ist eine massive Hemmschwelle, Informationen struktruriert abzulegen (siehe auch Punkt 2).

6) Informationen in Ablagestapeln besitzen in der Regel einen höheren Aktualitäts- beziehungsweise Prioritätsgrad als diejenigen, die in Aktenordnern abgelegt sind.

7) Wenn Informationen in Aktenordnern abgelegt werden, werden sie zum überwiegenden Teil lediglich nach simplen Kriterien wie etwa Verfasser, Datum oder Titel klassifiziert.

8) Mitarbeiter an Computerarbeitsplätzen und Mitarbeiter an traditionellen Arbeitsplätzen benutzen offensichtlich die gleichen, generellen Organisations-Strategien.

9) Aufgrund der stetig wachsenden Informationsmenge in den Ablagestapeln können diese das ursprüngliche Ziel (siehe Punkt 4) nicht erfüllen. Es entsteht ein Umkehreffekt. Dies wird noch dadurch begünstigt, daß Ablagestapel in der Regel in relativ großen Zeitintervallen (etwa ein- bis zweimal pro Jahr oder seltener) reorganisiert werden, beziehungsweise einer „Aufräumaktion zum Opfer fallen".

Offensichtlich haben Maßnahmen zur Organisation der persönlichen Arbeitsumgebung, neben einer strukturierenden Komponente, auch einen ausgeprägten visualisierenden Charakter. In erster Linie ist in diesem Zusammenhang die menschliche Erinnerungsfähigkeit angesprochen. Speziell unter diesem Aspekt werden Ablagestapel aus folgenden Gründen angelegt:

– Zur Erinnerung an noch zu erledigende Arbeiten.

- Zur Kontrolle und Visualisierung laufender (aktueller) Arbeiten (Arbeitsfortschritt).
- Zur Selbstbestätigung geleisteter/fertiger Arbeiten.
- Als Vorstufe zur „endgültigen“ Ablage in Ordnern.
- Aus Unsicherheit, in Aktenordnern abgelegte Informationen nicht wieder aufzufinden.
- Aufgrund der Neigung, häufig gebrauchte Informationen visuell verfügbar zu haben.

Diese Regeln für das Anlegen von Ablagestapeln suggerieren ein Klassifizierungsschema, das aber in dieser Form bewußt nicht berücksichtigt wird. Vielmehr unterliegt der Bildung und Anordnung von Ablagestapeln ein eher intuitives Handeln. Der Versuch, die Kategorienbildung bei Aktenordnern und Ablagestapeln zu vergleichen (siehe Abb. 2–9), sowie die Aussagen zweier Interviewpartner zu dieser Thematik, mögen dies verdeutlichen:

> „When I'm working on stuff, I always keep them out here so that I won't forget about them, cause if I put them away in the file where they'll be when I'm done then I forget.“ (Malone 83, S. 107)
>
> „I guess most of the stuff on the desktop is stuff that I feel is current in the sense that I have to deal with it – I should be doing something about it. This has been sitting here for over a month and I should be doing something it right away, but it's problematic so it just sat ... I didn't know quite what to do with it and life was so busy that ... because it was a problem, I didn't do it.“ (Malone 83, S. 107)

	Inhalt/Elemente bezeichnet	Inhalt/Elemente geordnet	Ansammlung bezeichnet	Ansammlung geordnet
Aktenschrank	ja	ja	?	?
Ablagestapel	?	nein	nein	?

Abb. 2–9: Kategorienbildung im Büro (Malone 83, S. 106)

Folgerung:

Gute Bürodokumenten-Retrievalsysteme sollten Konzepte enthalten, die derartigen menschlichen Verhaltensweisen durch geeignete Funktionalität der Systeme entgegenkommen. Insbesondere bedarf es der Unterstützung der menschlichen Erinnerungsfähigkeit (Bracchi 84, S. 155). In existierenden Systemen wird dieser Aspekt nicht oder nur ansatzweise berücksichtigt. Darüberhinaus sollten geeignete Methoden die Hemmschwelle der Klassifizierungsproblematik abbauen helfen.

Für das zu konzipierende Bürodokumenten-Retrievalsystem ergeben sich somit, unter dem Aspekt der Modellierung kognitiv adäquater Repräsentation von Aufgaben im System, folgende Anforderungen:

(1) **Erinnerungsfähigkeit**

- **Automatische Wiederanzeige** von Dokumenten, die noch nicht als erledigt gekennzeichnet sind. Kriterien, nach denen eine solche „Wiedervorlage“ gesteuert wird, könnten sein:
  - **Priorität**, vom Benutzer zu spezifizieren;
  - **Datum**, vom Benutzer festzulegen (darüberhinaus kommt dem Datum im Zusammenhang mit der Klassifizierung von Informationen noch eine weitere wesentliche Bedeutung zu (siehe (3));
  - **Ereignis**, vom Benutzer zu spezifizieren (beispielsweise Projektabschluß).
- Verfügbarkeit einer **aktuellen Arbeitsablage**, in der alle im Zusammenhang mit der Bearbeitung einer konkreten Aufgabe anfallenden Dokumente abgelegt und abrufbar sind.
- Temporäre, kontextgebundene **Markierung von Dokumenten** (anbringen von Merkern).

(2) **Visualisierungshilfen**

- Die Anzahl der unbearbeiteten Dokumente sollte symbolisch angezeigt werden.
- Symbolische Anzeige des Umfangs eines angezeigten Dokuments, sowie der aktuellen angezeigten Position relativ im Gesamtdokument.
- Unterschiedliche Informationsdarstellung für verschiedene Prioritätsstufen (siehe auch (1)).

(3) **Klassifizierungshilfen**

- Möglichkeit der Bildung **gewohnter Ablage-Kriterien** (beispielsweise Kunden, Sitzungen, Briefe, ...).
- Möglichkeit der **freien Definition von Suchbegriffen** sowie der **Selektion von Suchbegriffen aus dem Dokumententext** mit automatischer Übertragung in die Suchwortliste.

- **Multiple aber redundanzfreie Abbildung** eines Dokumentes in mehreren Ablagen (beispielsweise die Ablage einer Rechnung in der Ablage: PROJEKT und in der Ablage: BESCHAFFUNG).
- Dem Datum kommt als Klassifizierungkriterium eine besondere Bedeutung zu. So sollte automatisch (systemseitig) jedes Dokement mit folgenden **Datumsangaben als Suchkriterien** versehen werden:

  o Datum der **erstmaligen Ablage im System** (Erstellung),

  o Datum der letzten **Änderung,**

  o Datum des letzten **Zugriffs.**

Hiermit lassen sich Dokumente unter verschiedenen Aspekten chronologisch sichten. Diese Eigenschaft trägt entscheidend zur verbesserten „Erinnerungsfähigkeit“ des Systems bei (siehe auch (1)). Beispielsweise kann sich der Benutzer zwar nicht mehr an den konkreten Inhalt eines spezifischen Dokumentes erinnern, weiß aber noch, daß er vor „etwa zwei Wochen“ darin gelesen hat. Die Möglichkeit der Auswahl derjenigen Dokumente, auf die innerhalb des betreffenden Zeitabschnitts zugegriffen wurde (das heißt, am Bildschirm angezeigt wurden), wird in diesem Fall das gewünschte Ergebnis liefern.

2.5.2 Suchen als Navigations- und Kommunikationsprozeß

Wenn Informationen in einem Ablagesystem abgelegt werden, geschieht das normalerweise in der Absicht, diese Informationen zu einem späteren Zeitpunkt aus dem System wieder abzurufen. Dabei können zwei typische Situationen beobachtet werden: In dem einem Fall ist sich der Benutzer, aufgrund unzureichender Kenntnisse des eigentlichen Problems, nicht sicher, was er suchen soll. In dem anderen Fall hat er zwar eine Vorstellung von dem was er suchen soll, formuliert dies aber vage und unscharf in seiner Anfrage (fuzzy query). Um in beiden Fällen zu einem befriedigenden Ergebnis zu gelangen, müssen Bürodokumenten-Retrievalsysteme über Konzepte verfügen, die solch unterschiedliche Vorgehensweisen bereits an der System-Schnittstelle berücksichtigen. Von entscheidender Bedeutung für einen effektiven Dialog zwischen Benutzer und System ist dabei zunächst ein besseres Verständnis menschlicher Strategien bei der Informationssuche (Spence 82, S. 43 f), (Kochen 84, S. 348 f), (Morehead 84, S. 583 f). Zur Diskussion dieser Fragestellung kann das in Abb. 2–10 definierte einfache Modell herangezogen werden. Es beschreibt den prinzipiellen Ablauf einer Problemlösung bezogen auf den Prozeß der Informationssuche.

Der Prozeß der Informationssuche ist ein entscheidender Teil im Problemlösungsprozeß. Er besteht im wesentlichen aus der Formulierung von Fragen

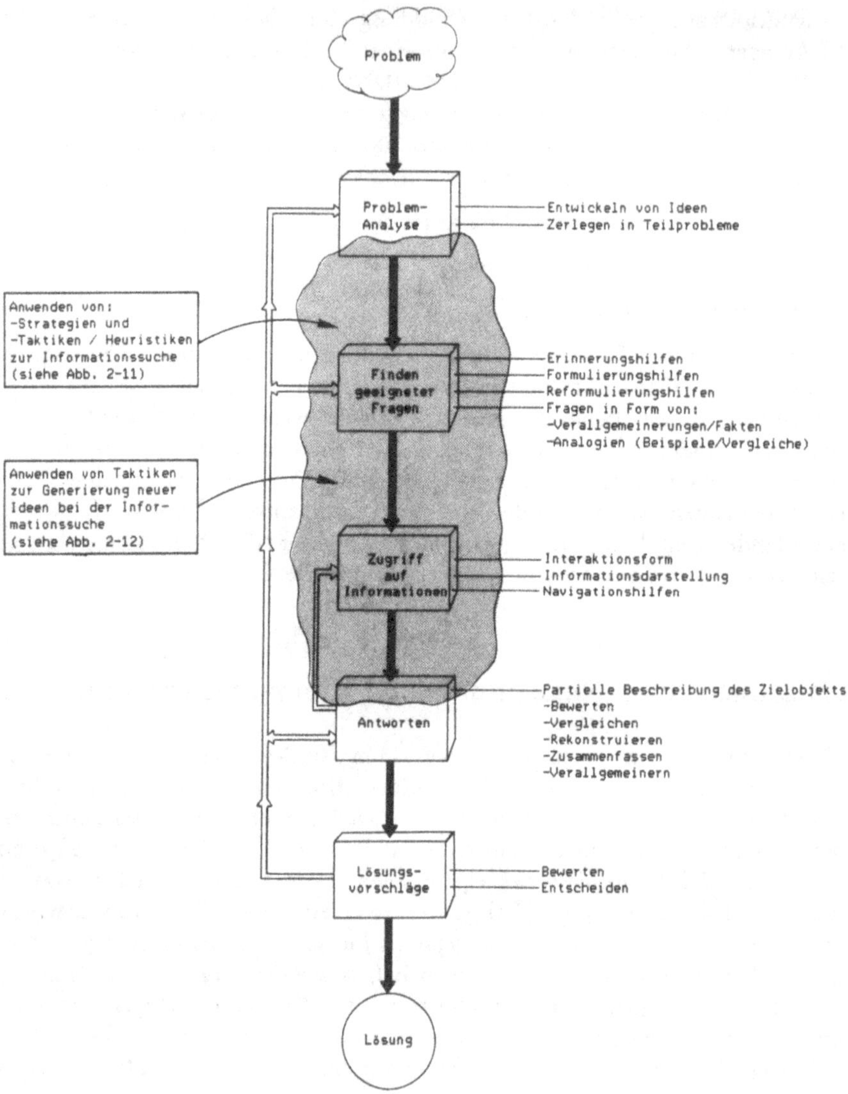

Abb. 2-10: Vom Problem zur Lösung: Ein Modell des Problemlösungsprozesses unter dem Aspekt der Informationssuche

und der Bewertung von Antworten (Kommunikation), sowie dem Zugriff auf verfügbare Informationen (Navigation). Dieser Prozeß umfaßt menschliches Erinnern und Wiedererkennen (siehe auch Abschnitt 2.1) und wird ganz entscheidend beeinflußt durch die von einem Fragesteller angewandten Strategien, Taktiken und Heuristiken zur Informationssuche. Nur wenige Arbeiten haben sich mit dieser Thematik wissenschaftlich auseinandergesetzt. Die konkretesten Ergebnisse finden sich in den Arbeiten von Bates (Bates 79), (Bates 80), in denen einereseits Taktiken für die Informationssuche selbst formuliert werden (siehe Abb. 2–11), und andererseits „Idee-Taktiken" für die Generierung neuer Ideen bei der Suche nach Informationen definiert werden (siehe Abb. 2–12). Letztere sind allgemeiner gehalten und grundsätzlich auf den Problemlösungsprozeß im Ganzen anzuwenden. Obwohl diese Taktiken primär an professionellen Retrieval- und Datenbanksystem-Benutzern orientiert sind, haben sie doch allgemeingültigen Charakter und sind damit geeignet, zur Begründung spezifischer Entwurfsentscheidungen beizutragen. Einschränkend muß allerdings festgestellt werden, daß Taktiken und Heuristiken im Rahmen von Suchprozessen nur schwer zu bestimmen sind. Darüberhinaus sind sie häufig nicht eindeutig auf einzelne Kommandos innerhalb der Benutzungsoberfläche abbildbar.

Unter der Voraussetzung, daß die Schnittstelle zwischen einem Menschen und seinem internen Speicher (Gedächtnis) prinzipiell mit ähnlichen Regeln beschreibbar ist wie die Schnittstelle zwischen einem Menschen und einem externen Speicher (Norman 79), (Newell 72), besteht die begründete Annahme, daß durch Abbildung suchspezifischer menschlicher Verhaltensmuster auf computergestützte Retrievalsysteme, diese „natürlicher" und damit effektiver und leichter handhabbar werden.

Das Modell

Häufig ist die schwierigste Aufgabe bei einem Suchprozeß das Finden der richtigen Fragen. Aus diesem Grund ist es vielfach angebracht und einfacher, Fragen nicht in Form von Verallgemeinerungen oder spezifischen Fakten zu formulieren, sondern in Form von Analogien (Beispielen). Diese These begründet sich aus Beobachtungen über das menschliche Verhalten bei Suchprozessen. Im Verlauf solcher Prozesse rekonstruiert oder ergänzt der Mensch Wissen über einen Gegenstandsbereich auf der Basis von Teilinformationen (Informationsfragmenten), die er während des Suchprozesses auffindet und die einen direkten oder indirekten Bezug zu dem betrachteten Gegenstandsbereich haben. Dieser Prozeß ist iterativ, wobei Informationen, die im Verlauf des Such/Retrieval-Prozesses als relevant erkannt werden, eine Teilbeschreibung der Lösung bilden. Diese Teilbeschreibung stellt wiederum die Basis für eine neue Anfrage dar, aus der heraus weitere Teilbeschreibungen der Lösung gewonnen werden können. Der Suchprozeß nähert sich auf diese Weise iterativ dem gewünschten Ziel, ohne daß der Fragesteller mit seiner einleitenden Frage den eigentlichen Kern des Problems berührt.

Übertragen auf einen computergestützten Retrievalprozeß beinhaltet dieser Ansatz zunächst, daß die Systemphilosophie grundsätzlich auf derartigen

Monitoring Tactics:	Tactics to keep the search on track and efficient.
M1:CHECK	To review the original request and compare it to the current search topic to see that it is the same.
M2:WIGH	To make a cost-benefit assessment, at one or more points of the search of current or anticipated actions.
M3:PATTERN	To make oneself aware of a search pattern, examine it, and redesign it if not maximally efficient or if out of date.
M4:CORRECT	To watch for and correct spelling and factual errors in one's search topic.
M5:RECORD	To keep track of trails one has followed and of desirable trails not followed up or not completed.
File Structure Tactics:	Techniques for threading one's way through the file structure of the information facility to desired file, source or information within source.
F1:BIBBLE	To look for a bibliography already prepared before launching oneself into the effect of preparing one: more generally, to check to see if the search work one plans has already been done in a usable form by someone else.
F2:SELECT	To break complex search queries down into sub-problems and work on one problem at a time.
F3:SURVEY	To review at each decision point of the search, the available options before selecting.
F4:CUT	When selecting among several ways to search a given query to choose the option that cuts out, eliminates, the largest part of the search domain at once.
F5:STRETCH	To use a source for other than its intended purposes.
F6:SCAFFOLD	To design an auxiliary, indirect route through the information files and resources to reach the desired information.
F7:CLEAVE	To employ binary searching in locating an item in an ordered file.
Search Formulation Tactics:	Tactics to aid in the process of designing or redesigning the search formulation.
S1:SPECIFY	To search on terms that are as specific as the information desired.
S2:EXHAUST	To include most or all elements of the query in the initial search formulation: to add one or more of the query elements to an already prepared search formulation.
S3:REDUCE	To minimize the number of elements of the query in the initial search formulation: to subtract one or more of the query elements from an already-prepared search formulation.
S4:PARALLEL	To make the search formulation broad (or broader) by including synonyms or otherwise conceptually parallel terms.
S5:PINPOINT	To make the search formulation precise by minimizing (or reducing) the number of parallel terms, retaining the more perfectly descriptive terms.
S6:BLOCK	To reject, in the search formulation, items containing or indexed by certain term(s), even if it means losing some document sections of relevance.

Term Tactics:	Tactics to aid in the selection and revision of specific terms within the search formulation.
T1:SUPER	To move upward hierarchically to a broader (superordinate) term.
T2:SUB	To move downward hierarchically to a more specific (subordinate) term.
T3:RELATE	To move sideways hierarchically to a coordinate term.
T4:NEIGHBOR	To seek additional search terms by looking at neighboring terms, whether proximate alphabetically, by subject similarity, or otherwise.
T5:TRACE	To examine information already found in the search in order to find additional terms to be used in furthering the search.
T6:VARY	To alter or substitute one's search terms in any of several ways.
T7:FIX	To try alternate affixes, whether prefixes, suffixes, or infixes.
T8:REARRANGE	To reverse or rearrange the words in search terms in any or all reasonable orders.
T9:CONTRARY	To search for the term logically opposite from that describing the desired information.
T10:RESPELL	To search under a different spelling.
T11:RESPACE	To try spacing variants.

Abb. 2–11: Zusammenfassung menschlicher Taktiken für die Informationssuche (Bates 79)

menschlichen Verhaltensweisen basieren muß. Idealerweise repräsentieren und unterstützen dabei die in einem bestimmten Zustand des Systems gültigen Operationen die Suchstrategien des Benutzers. Insbesondere können folgende Anforderungen abgeleitet werden:

1) **Suchen unter dem Aspekt Kommunikation**

   Es müssen Mechanismen bereitgestellt werden, die die **interaktive Konstruktion von Anfragen** ermöglichen. Anfragen, auch (oder gerade) intuitive und vage formulierte Anfragen, müssen ein **direktes Ergebnis** im Sinne einer unmittelbaren Anzeige des/eines gefundenen Dokuments liefern. Dieses stellt eine Teilbeschreibung (Beispiel) der Lösung dar und dient damit als Ausgangspunkt für die weitere Suche. (Siehe hierzu auch die in Abb. 2–11 dargestellten Such-Taktiken.)

2) **Suchen unter dem Aspekt Navigation**

   Auf der Basis eines Anfrageergebnisses muß es in einer Art **konstruierender Beschreibung** möglich sein, eine Anfrage aufgrund neuer Erkenntnisse **interaktiv zu bewerten (kritisieren)**, indem Suchbegriffe aus einer alten Anfrage entfernt oder präzisiert werden, relevante Aspekte/Begriffe aus gefundenen Dokumenten in diese Anfrage übertragen werden, sowie eigene neue Ideen integriert werden können. Diese Anforderungen lassen sich als **interaktive Reformulierung der Anfrage** zusammenfassen. (Siehe hierzu

Idea Tactics:	Tactics to help generate new ideas or solutions to problems in information searching.
I1:THINK	To stop and think about the search and try to come up with new ideas for solving search difficulties.
I2:BRAINSTORM	To generate many ideas and to suspend critical reactions until the ideas are well-formed and can be fully evaluated.
I3:MEDITATE	To develop and utilize the skill of quickly achieving a state of mind in which rational and intuitive capacities work together in solving search problems.
I4:CONSULT	To ask a colleague for suggestions or information in dealing with a search.
I5:RESCUE	To check for possibly productive paths still untried, in an otherwise unproductive approach.
I6:WANDER	To move among one's resources, being receptive to alternative sources and new search ideas triggered by the materials that come into view.
I7:CATCH	To catch oneself in an unproductive search, to notice that a change in approach might be more productive.
I8:BREAK	To break a habitual search pattern, that is, put it aside temporarily, in order to take a search tactic more suited to the particular problem in question.
I9:BREACH	To breach the boundaries of one's region of search, to revise one's concept of the limits of the intellectual or physical territory in which one searches to respond to a query.
I10:NOTICE	To watch for clues that revise one's notions or the nature of the question or of the answering information.
I11:JOLT	To think „laterally", to snap out of conventual thought patterns and redefine a problem in a dramatically different way.
I12:CHANGE	To change something anything, in one's search behaviour – to try a different source, a different term, a different subject field, etc.
I13:FOCUS	To look at the query more narrowly, in one or both of two senses: (1) to move from the whole query to a part of it or (2) to move from a broader to a narrower conceptualization of the query.
I14:DILATE	To look at the query more broadly, in one or both of two senses: (1) to move from a part of the query to the whole query or (2) to move from a narrower to a broader conceptualization of the query.
I15:SKIP	To shift laterally in one's view of the query, in one or both of two senses: (1) to move from searching one part of a complex, multipart query to another one or (2) to view the query from and search on another angle, that angle being neither broader or narrower but simply different.
I16:STOP	To cease searching temporarily on a problem and do something else.

Abb. 2–12: Zusammenfassung menschlicher Taktiken für die Generierung neuer Ideen bei der Informationssuche (Bates 80)

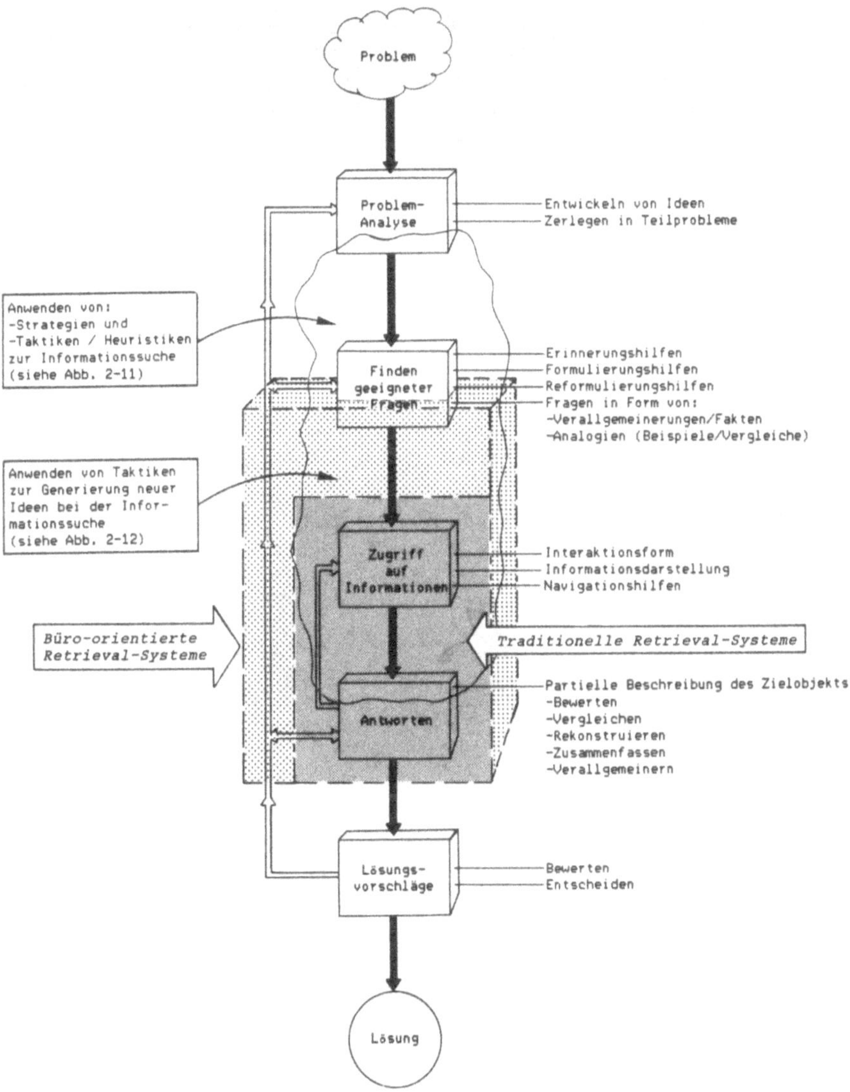

Abb. 2–13: Abgrenzung traditioneller und büroorientierter Retrievalsysteme unter kognitiven Aspekten

auch die in den Abb. 2–11 und 2–12 dargestellten Such- und Idee-Taktiken.) Traditionelle Retrievalsysteme unterstützen menschliche Strategien, Heuristiken und Taktiken zur Informationssuche nicht oder nur sehr unzureichend. Wenn Retrievalsysteme aber für Benutzergruppen konzipiert werden, die keine oder nur wenig Erfahrung im Umgang mit computergestützten Systemen haben, müssen solche Systeme derart erweitert werden, daß sie den oben beschriebenen Anforderungen entsprechen. Zur Verdeutlichung dieses Ansatzes siehe Abb. 2–13, in der unter kognitiven Aspekten eine Abgrenzung traditioneller und büroorientierter Retrievalsysteme vorgenommen wird.

3. Dokumentenorientierte Retrievalsysteme

– Stand der Technik –

> Unfortunately, document retrieval design has been the poor stepchild of the computer revolution.
>
> (D.C. Blair, 1984)

In diesem Kapitel werden einige wesentliche, das heißt vom Verbreitungsgrad oder von der Konzeption her interessante Dokumenten-Retrievalsysteme daraufhin untersucht, inwieweit sie für die Modellierung eines neu zu konzipierenden Büro-Dokumenten-Retrievalsystems Lösungsansätze bieten. Als Bewertungsgrundlage dient dabei der in Kapitel 2 entwickelte Anforderungskatalog, der insbesondere die Aspekte der Benutzungsoberfläche sowie der Aufgabenintegration im Rahmen der Gestaltung der persönlichen Arbeitsumgebung im Büro berücksichtigt. Ziel der nachfolgenden Analyse ist nicht eine qualitative Bewertung der einzelnen Systeme bezogen auf ihre Leistungsfähigkeit und Wirksamkeit im allgemeinen (siehe hierzu beispielsweise (Blair 85), (Faloutsos 85), (Lee 85b), (Salton 83)). Im Kontext der hier behandelten Problematik geht es lediglich darum, von Aspekten der Mensch-Computer-Kommunikation existierender Systeme Konsequenzen für ein neues Konzept abzuleiten.

3.1 Überblick über grundlegende Retrievalmethoden

Das Spektrum informationsverarbeitender Systeme reicht von der Verarbeitung unstrukturierter, willkürlich ausgewählter Informationen in Dokumenten-Retrievalsystemen, bis hin zur Verarbeitung und Repräsentation hochgradig strukturierter und kontextselektierter Informationen in Datenbanksystemen. Die wichtigsten Systemvarianten sind in Abb. 3 – 1 zusammengefaßt. Es sind dies: **Datenbanksysteme, Management-Informationssysteme, Frage-Antwort-Systeme und Informations-Retrievalsysteme.**

Primäres Ziel beim Einsatz von Dokumenten-Retrievalsystemen besteht in der Abspeicherung und Wiedergewinnung natürlichsprachlicher Texte (Dokumente) nach inhaltlichen, bedeutungstragenden Merkmalen. Bislang können vier grundsätzlich verschiedene Methoden unterschieden werden, nach denen Texte in Dokumenten-Retrievalsystemen repräsentiert und referenziert werden. Dies sind: der **datentechnologische Ansatz**, der **linguistisch orientierte**

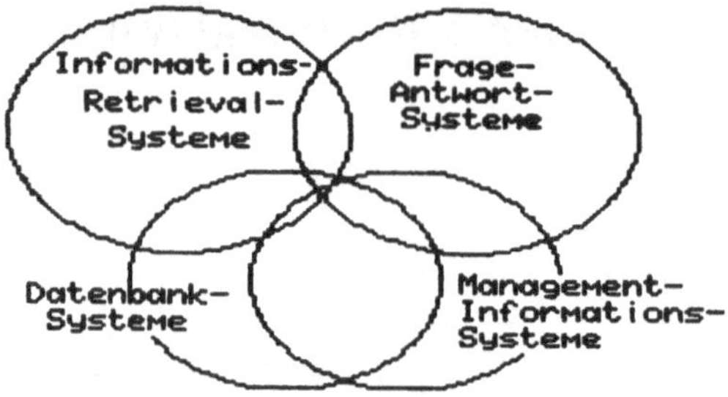

Abb. 3–1: Zusammenhänge zwischen verschiedenen informationsverarbeitenden Systemen (Salton 83, S. 10)

Ansatz, der **wissensbasierte Ansatz** und der **kognitive Ansatz**. Im folgenden werden diese Ansätze übersichtsartig dargestellt. Die Übersicht ist unter anderem geeignet, die Schwerpunkte in diesem Buch nochmals zu verdeutlichen und den Zusammenhang zwischen Dokumenten-Retrievalsystemen und der Mensch-Computer-Kommunikation aufzuzeigen.

3.1.1 Der datentechnologische Ansatz

Die meisten der heute kommerziell angebotenen Dokumenten-Retrievalsysteme basieren auf dem datentechnologischen Ansatz. Es ist der klassische Ansatz der Informatik und umfaßt folgende Verfahrenstypen:

- Volltextverarbeitung
- Invertierung (Indexing)
- Clustering (statistische Methode)
- Superimposed Coding / Signature Files

Allen Verfahren ist gemeinsam, daß sie auf Repräsentations- und Transformationskonzepten basieren, die prinzipiell nur eine **Informationsbereitstellungsfunktion** haben. Verfahren zur inhaltlichen Erschließung der Informationen sind in derartigen Systemen nicht enthalten.

(1) Volltextverarbeitung

Bei der Volltextverarbeitung wird die Suchfrage gegen den gesamten Dokumentenbestand verglichen. Abgesehen von Verfahren zur Stopworteliminierung (Füllwörter wie: und, oder, der, die, das, ...) wird der Dokumentenbestand in keiner Weise inhaltlich aufbereitet. Das führt zwar zur optimalen Speicherausnutzung (kein Overhead), das Verfahren an sich bedingt aber enorme Verarbeitungs- und Speicherzugriffszeiten. Zu den einschneidensten Mängeln zählt die formalisierte Mensch-Computer-Interaktion (Hahn 84, S. 29). Charakteristisch sind **formale Anfragesprachen mit booleschen Operationen** (diese sind der hier betrachteten Benutzergruppe nicht zuzumuten (Tou 82, S. 1)) sowie **Kontextoperatoren** (sie definieren den maximalen Abstand zwischen auftretenden Suchbegriffen im Text), die das Problem der Diffizilität des Abgleichs einer Suchfrage mit dem gesamten Dokumentenbestand abzumildern versuchen. Diese oder ähnliche triviale Verfahren zur Verbesserung der Qualität des Retrieval-Ergebnisses (Precision und Recall) können an den offensichtlichen Problemen derartiger Systeme wenig ändern. Das zeigen jüngste Untersuchungen an Volltext-Retrievalsystemenen (Blair 85).

(2) Invertierung

Bei dem Verfahren der Invertierung wird der Inhalt des Dokumentenbestandes durch eine Liste von Deskriptoren (Index) repräsentiert. Jeder Deskriptor verweist mit einem Zeiger auf die Stelle im betreffenden Dokument, wo er vorkommt. Dadurch ist ein sehr schnelles Auffinden von Dokumenten möglich, vorausgesetzt die Deskriptorliste enthält den Suchbegriff. Die Invertierung kann beispielsweise auf der Basis folgender physischer Datenstrukturen realisiert werden: Sortierte Deskriptorliste, B-Baum oder Hashing (Knuth 73, S. 393 ff). Die Hauptnachteile derartiger Systeme stellen sich wie folgt dar: der Informationsverlust (Vergröberung), bedingt durch die Abbildung eines Dokuments auf eine kleine Zahl von Deskriptoren; sowie der Speicheroverhead von bis zu 300% des ursprünglichen Dokumentenbestandes, wenn alle bedeutungstragenden Wörter indexiert werden (Faloutsos 85, S. 323). Letzteres entspricht einer invertierten Volltextverarbeitung.

(3) Clustering

Dieses mathematisch/statistisch orientierte Verfahren berechnet aufgrund von Vorkommenshäufigkeiten signifikanter Begriffe in den Dokumenten Ähnlichkeiten zwischen den Dokumenten und faßt inhaltlich ähnliche Dokumente zu Clustern zusammen. Das Verfahren geht davon aus, daß alle in einem Cluster enthaltenen Dokumente relevant bezüglich einer auf dieses Cluster verweisenden Suchfrage sind (Cluster Hypothese (Salton 83, S. 215)). Dokumente werden als t-dimensionale Vektoren repräsentiert (t = Anzahl möglicher Begriffe), aus denen Ähnlichkeits-Matrizen gebildet werden. Aufgrund des sehr aufwendigen Verfahrens, Cluster zu generieren und Cluster zu durchsuchen – bedingt durch komplexe Matrizen-Multiplikationen – beinhaltet dieser Ansatz erhebliche Komplexitätsbarrieren. Bei einem dynamischen Umfeld (Büro) mit häufigen Einfügungen in den Dokumentenbestand führt dieses Verfahren zu einem enormen Anstieg der Verarbeitungszeit (Faloutsos 85, S. 326–328).

(4) Superimposed Coding

Das Verfahren des Superimposed Coding (auch Signature File genannt) ist im Prinzip eine Kombination zwischen Volltextverarbeitung und Invertierung. Jedes Wort in einem Dokument wird durch eine Bit-Kombination fester Länge mit einer konstanten Anzahl von 0 und 1 repräsentiert. Diese Bitkombinationen eines Textes (Pattern) werden mit einem logischen ODER zusammengefügt (Superimposed) und das Ergebnis bildet die Repräsentation des Textes (siehe Abb. 3–2).

Wort	Bit-Kombination
Retrieval	001 000 110 010
Komponente	000 010 101 001
Dokument-Signature	001 010 111 011

In diesem Beispiel besteht das Dokument lediglich aus 2 Worten. Jede Wort-Signature belegt 12 Bits, wobei jedes Wort 4 Bits der entsprechenden Wort-Signature zu 1 setzt.

Abb. 3–2: Prinzip des Superimposed Coding (Faloutsos 85, S. 324)

Diese Methode hat den Nachteil, daß nur sehr große Bitkombinationen (Signature) zu weitgehend eindeutigen Ergebnissen führen, was aber dann zu drastischen Erhöhungen der Antwortzeiten führt (Faloutsos 85, S. 326).

3.1.2 Der linguistisch orientierte Ansatz

Linguistische Ansätze versuchen den regelhaften Charakter der gesprochenen Sprache in Form von Algorithmen auf Computersysteme abzubilden und liegen damit qualitativ oberhalb des datentechnologischen Ansatzes. Ihre Leistungsfähigkeit reduziert sich jedoch prinzipiell auf das Erkennen und Erzeugen von syntaktisch definierten Satzstrukturen (Hahn 84, S. 31). Mit derartigen Verfahren werden sowohl die natürlichsprachlichen Suchfragen als auch die im Dokumentenbestand enthaltenen Sätze syntaktisch analysiert, um ihnen als Ergebnis Satzstrukturbeschreibungen zuzuordnen. Auf der Wortebene kommen beispielsweise string-, morphem- oder lexikonorientierte Verfahren zum Einsatz. Diese haben zum Ziel, alle relevanten, wortbezogenen Informationen für die Analyse bereitzustellen (Wortarten, Flexionssendungen, Kompositionen und dergleichen) (Brecht 79), (Thurmair 82). In diesem Zusammenhang stellt Haugeneder (Haugeneder 82, S. 305) fest:

> „Welches Maß an Syntaxanalyse für dieses Zueinander-in-Beziehung-Setzen im Rahmen des Dokumentenretrievals auf der einen Seite unbedingt nötig, auf der anderen jedoch gerade noch sinnvoll ist, stellt, obwohl es eine zentrale Frage für den Einsatz syntaktischer Verfahren im Dokumentenretrieval ist, ein ungelöstes Problem dar."

Angesichts des enormen Aufwands solcher Verfahren bemerkt Schweppe (Schweppe 79, S. 16):

> „Hierbei wird insbesondere die Frage berührt, ob eine nichtformale Sprache (wie sie die gesprochene, natürliche Sprache ist (Anmerkung des Verfassers)) sich durch ein endliches Regelsystem formalisieren läßt."

3.1.3 Der wissensbasierte Ansatz

Die Zuordnung von Bedeutungen zu sprachlichen Ausdrücken setzt Wissen über Begriffe und Zusammenhänge (Umweltwissen) des betrachteten Gegenstandsbereichs voraus. Somit ist Sprachverstehen unmittelbar mit Wissensrepräsentation verbunden. Während der linguistische Ansatz syntaktisches Wissen in Form von Grammatiken abbildet, beruht der wissensbasierte Ansatz auf Repräsentations- und Transformationsformalismen der **künstlichen Intelligenz.** Die Modellierung von Wissen erfolgt nach verschiedenen Ansätzen. Beispiele dafür sind: **deklarative Repräsentationsformen** (prädikatenlogische Sprachen oder semantische Netze), **prozedurale Repräsentation** (Sprachen wie: ACTOR (Hewitt 73) oder PLANNER (Hewitt 72)), **Produktions-Regel-Systeme** (Newell 72) (wenn-dann Regeln, sie tendieren zu prozeduraler Repräsentation) und **Frames** (Minsky 75) (Sprachen wie beispielsweise KRL (Knowledge Representation Language) (Bobrow 77)). Einen Überblick über diese Repräsentations-Formalismen findet sich beispielsweise in (Kobsa 82) und (Trost 84). Mit Systemen dieser Art wird versucht, auf der Basis einer natürlichsprachlichen Anfrage, Texte „inhaltlich" zu durchsuchen und als Ergebnis einschlägige Textpassagen und inhaltliche Zusammenhänge zu erzeugen (Weyer 84).

Das Problem all dieser Ansätze ist, daß mit der Tiefe der Wissensdarstellung über einen Gegenstandsbereich die Unhandlichkeit der maschinellen Repräsentation ansteigt. Große Mengen von Einzeldaten müssen mit bedeutungsprägenden Strukturen verknüpft werden. Das führt dazu, daß mit derartigen Systemen nur ein kleiner, wohldefinierter Ausschnitt (Mikrowelt), der realen Umwelt modelliert werden kann. Die Systeme bleiben damit prinzipiell unvollständig, was gerade für den Gegenstandsbereich der natürlichen Sprache im Dokumenten-Retrieval (sowohl bei der Anfrage als auch bei der Repräsentation) eine große Fehlerquelle bedeutet. Nicht zuletzt aus diesem Grund konzentriert sich der Forschungsgegenstand der wissensbasierten Systeme auf die Entwicklung von Experten-Systeme die mit Wissen aus eng abzugrenzenden Bereichen ausgestattet werden und damit relativ beschreibbare Probleme lösen oder lösen helfen können. Einen umfassenden Überblick über Aktivitäten in diesem Bereich findet sich beispielsweise in (Winston 84).

3.1.4 Der kognitive Ansatz

Die Grundlage dieses Ansatzes bilden die **kognitiven Charakteristiken des menschlichen informationsverarbeitenden Systems.** Auf der Basis psychologischer Theorien über menschliches Erinnern (Norman 79) wird versucht, den menschlichen Retrievalprozeß explizit beim Entwurf von Dokumenten-Retrievalsystemen und hier insbesondere in der Auslegung der Benutzerschnittstelle zu modellieren. Im Gegensatz zu anderen Ansätzen wird hierbei **der Mensch als zentrale Komponente** eines „Gesamtsystems" betrachtet, wobei seine Vorstellungen und Erwartungen in Form heuristischer Regeln in das System integriert werden. Diese wirken dann als eine Art kognitiver Verstärker der menschlichen informationsverarbeitenden Prozesse. Ansätze hierzu finden sich in (Williams 81), (Williams 82) und (Tou 82).

Der Schwerpunkt dieses Buches, die Formulierung und prototypische Implementierung derartiger Retrievalheuristiken im Rahmen eines büroadäquaten Dokumenten-Retrievalsystems, basiert auf diesem Ansatz. Im Kontext dieses Ansatzes betont Hahn (Hahn 84, S. 34):

> „In die Konzeption einer solchen Schnittstelle müssen schließlich auch die Erfahrungen mit bestehenden Retrievalsystemen einfließen, deren Features auf ihre kognitive Adäquanz zu prüfen sind."

Diese Analyse ist Gegenstand der folgenden Abschnitte.

3.2 Traditionelle dokumentenorientierte Retrievalsysteme

Die meisten kommerziell angebotenen Dokumenten-Retrievalsysteme basieren auf dem datentechnologischen Ansatz verbunden mit dem Prinzip der Invertierung (Salton 83, S. 24). Auf dieser Basis sind sowohl Volltextsysteme als auch Systeme mit kontrolliertem und/oder unkontrolliertem Vokabular (Lancaster 72) realisiert. Einige wesentliche Systeme werden im folgenden kurz dargestellt. Dabei ist insbesondere die Ausprägung der Benutzerschnittstelle von Bedeutung und die Frage relevant, inwieweit kognitive Aspekte des Benutzers berücksichtigt werden.

3.2.1 SMART

Im SMART-Retrievalsystem (Salton 65), (Salton 71), ein experimentelles System der Cornell University, ist ein ungewöhnliches Konzept zur Volltextverarbeitung mit automatischer Indexierung realisiert worden. Bedeutungstragende Worte oder Wortstämme sind nicht über invertierte Listen im ursprünglichen Sinn mit den Dokumenten referenziert, sondern in Form einer **Dokumenten-Begriffs-Matrix** (siehe Abb. 3 – 3).

	$Begriff_1$	**$Begriff_2$**	...	**$Begriff_t$**
$Dokument_1$	$Wert_{11}$	$Wert_{12}$	...	$Wert_{1t}$
$Dokument_2$	$Wert_{21}$	$Wert_{22}$	...	$Wert_{2t}$
.	.			
.	.			
.	.			
$Dokument_n$	$Wert_{n1}$	$Wert_{n2}$	...	$Wert_{nt}$

Abb. 3 – 3: Dokumenten-Begriffs-Matrix des SMART-Systems (Salton 83, S. 121)

Jede Zeile der Matrix repräsentiert ein Dokument, jede Spalte ein bestimmtes Wort (Begriff) oder Wortstamm. Der Eintrag (ij) in der Matrix ist Null, wenn das Wort (j) nicht im Dokument (i) enthalten ist; andernfalls repäsentiert der Eintrag (ij) die positive Gewichtung (Bedeutung) des Wortes (j) im Dokument (i), die aufgrund der Vorkommenshäufigkeit des Begriffs (Word-Frequency) im gesamten Dokument berechnet wird.

Die Interaktion mit dem System ist in natürlicher Sprache möglich, wobei einzelne Begriffe bereits bei der Anfrage vom Benutzer nach ihrer relativen Bedeutung gewichtet werden können. Darüberhinaus verfügt das SMART-System über eine hilfreiche Einrichtung zur iterativen Präzisierung der Suchfrage, der sogenannten **Relevance Feedback Operation**. Diese Operation ermöglicht durch Bewertung der Anfrageergebnisse, mittels sogenannter Relevanz-Faktoren, den Suchvorgang alternierend zu präzisieren (siehe hierzu auch die Erläuterungen hinsichtlich dieser Möglichkeit im FAKYR-System (Abschnitt 3.2.3).

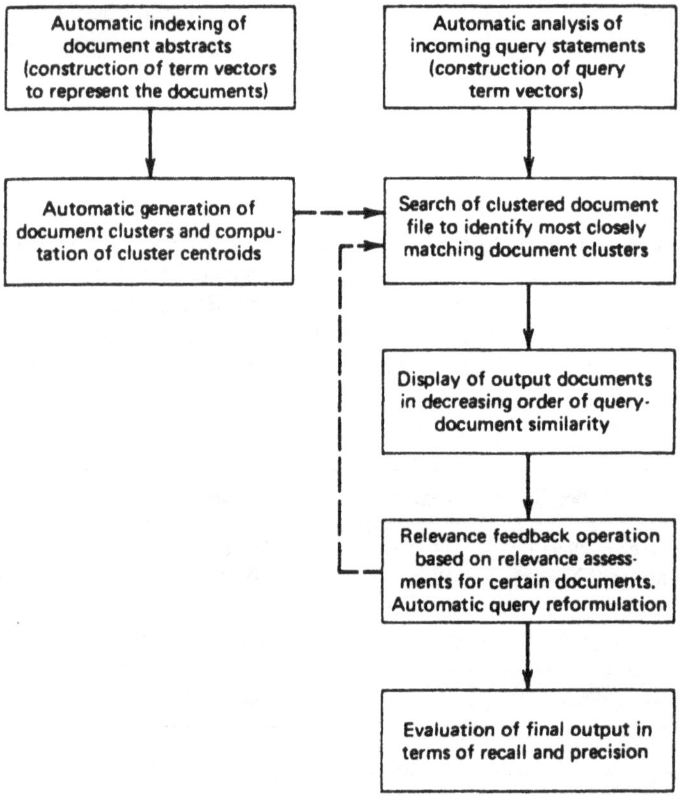

Abb. 3–4: Prinzipielle Funktionalität des SMART-Systems (Salton 83, S. 129)

Im wesentlichen besteht das SMART-System aus fünf Moduln (siehe auch Abb. 3–4):

- **Text-Eingabe**, wandelt den Eingabetext in numerische Vektoren um.
- **Clustering** (Vektor-Eingabe), berechnet die Zugehörigkeit (Ähnlichkeit) von vektorisierten Eingabetexten zu Clustern.
- **Selektion**, selektiert anhand einer vektorisierten Anfrage relevante Cluster bezüglich der Anfrage.
- **Suche**, ermöglicht mit Hilfe der Relevance-Feedback-Funktion, die alternierende, eingrenzende Suche relevanter Dokumente (Reformulierung der Anfrage).
- **Evaluation**, ermöglicht die abschließende Bewertung eines Recherche-Ergebnisses (Recall und Precision).

3.2.2 STAIRS

Das STAIRS-System (IBM) unterscheidet sich von allen anderen hier betrachteten Systemen dadurch, daß es neben der volltextverarbeitenden **Retrievalkomponente** (genannt AQUARIUS) eine **Datenbankkomponente** enthält. Letztere operiert auf formatierten Datenfeldern, die dem sogenannten Text-Index angefügt werden können und dann mit dem Dokument assoziiert sind (siehe Abb. 3–5). Der Zugriff auf diese beiden Komponenten wird in STAIRS durch unterschiedliche Kommandos realisiert. SEARCH im Retrievalmodus und SELECT im Datenbankmodus. Eine weitere Systemkomponente, genannt **STAIRS-MIKE** (Multiple Inverted Key Environment), ermöglicht die Einbindung vorhandener DL/1, VSAM oder sequentiell organisierter Datenbestände in die STAIRS-Umgebung. Die ursprüngliche Anwendung bleibt damit aber unverändert, da die Einbindung über zusätzliche invertierte Listen realisiert wird.

Die Repräsentation der Dokumente zur Volltexterschließung erfolgt über ein mehrstufiges Referenzierungsverfahren. Dem **Lexikon** (Dictionary), in dem jedes auftretende bedeutungstragende Wort mit eventuellen Synonymen enthalten ist. Jedes Wort im Lexikon verweist auf einen Eintrag in einer **invertierten Liste** (Inverted file), der neben der absoluten Vorkommenshäufigkeit dieses Wortes im gesamten Dokumentenbestand und der Anzahl der dieses Wort enthaltenen Dokumente, explizite Verweise auf alle Dokumente enthält, in denen dieses Wort enthalten ist. Die Referenzierung zu den entsprechenden Dokumenten geschieht nicht direkt, sondern über einem weiteren, sogenann-

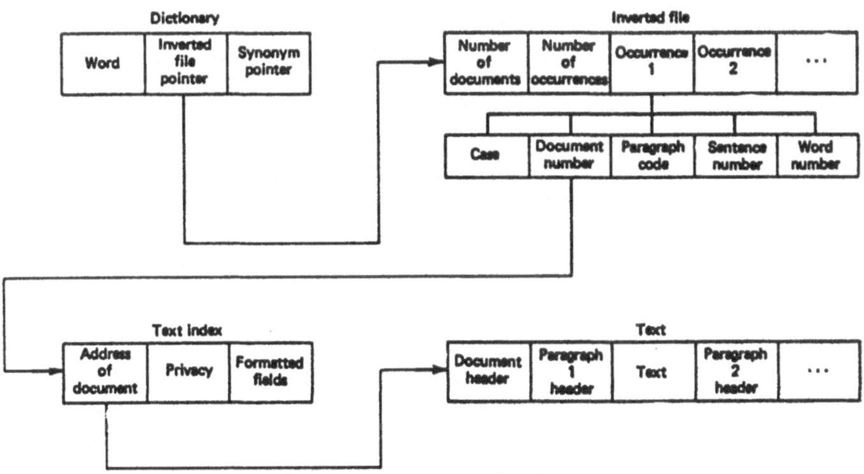

Abb. 3–5: Interne Struktur des STAIRS-Systems (Salton 83, S. 35)

ten **Dokumentenindex** (Text index). Dieser enthält neben dem Verweis auf das eigentliche Dokument (repräsentiert in einem STAIRS-spezifischen Format), Informationen über Zugriffsberechtigung sowie die bereits erwähnten formatierten Datenfelder der STAIRS-Datenbank (siehe Abb. 3–5).

Der Benutzer kommuniziert über eine Kommandosprache mit dem System, vergleichbar mit denen des LEXIS-Systems (siehe Kapitel 3.2.4) oder des DIALOG-Systems (siehe Kapitel 3.2.5). Für die Nutzung der Datenbankkomponente ist jedoch die Verwendung spezieller, datenbankspezifischer Kommandos und Operatoren Voraussetzung. Spezielle AND und OR Operatoren in Verbindung mit Vergleichsoperatoren wie: EQ (Equal), NE (Not Equal), NG (Not Greater), NL (Not Less), GT (Greater Than), WL (Within Limits) machen STAIRS zwar zu einem insgesamt mächtigen System, tragen aber keinesfalls zur leichten und problemlosen Handhabung für ungeübte und Gelegenheitsbenutzer bei.

3.2.3 FAKYR

Das FAKYR-System (**FA**chbereich **KY**bernetik **R**etrievalsystem) wurde seit 1973 in mehreren Stufen als experimentelles Retrievalsystem an der TU-Berlin entwickelt. Es ist als Online-System primär für die Literaturrecherche im Dialogbetrieb konzipiert. Von der Philosophie ist es vergleichbar mit dem SMART-System (Abschnitt 3.2.1), ist aber aufgrund der Integration von mathematisch/linguistischen Verfahren (Fuzzy-Retrieval) qualitativ über dem SMART-System anzusiedeln. Die Interaktion mit dem System erfolgt über eine Kommandosprache, wobei zur leichteren Handhabung der relativ komplexen Kommandosyntax (insbesondere im Rahmen der Relevanz-Feedback-Funktion) die meisten Befehle mit Standardparametern vorbesetzt sind.

Im FAKYR-System sind folgende Retrievalmodelle integriert:

- **Boolesches Retrieval**
  Hierbei werden Dokumente und Deskriptoren in einer Dokumenten-Deskriptor-Matrix in Beziehung gesetzt, deren Elemente Wahrheitswerte für das Auftreten von Begriffen in den Dokumenten darstellen (also ungewichtet). Bei diesem Verfahren können in Anfragen die logischen Operatoren UND, ODER und NICHT verwendet werden.

- **Lineares pseudoboolesches Retrieval**
  Im Gegensatz zum booleschen Retrieval, bei dem lediglich die Existenz von Suchfrage-Deskriptoren in Dokumenten festgestellt wird, geht man beim linearen pseudobooleschen Retrieval davon aus, daß ein Dokument umso relevanter in Bezug auf eine formulierte Suchfrage ist, je mehr gemeinsame Deskriptoren sie mit dem Dokument hat. Auch dieses Verfah-

ren operiert auf der ungewichteten Dokument-Deskriptor-Matrix. Die Verwendung logischer Operatoren ist bei diesem Verfahren nicht zugelassen, implizit erfolgt allerdings die Verknüpfung mit einem logischen ODER.

- **Retrieval mit Ähnlichkeitsmaß**
  Hierbei erfolgt die Abbildung der Dokumente in Bezug zu den Deskriptoren in einer gewichteten Dokument-Deskriptor-Matrix (ähnlich wie sie im SMART System (Kapitel 3.2.1) dargestellt wurde). Auf der Basis verschiedener Korrelationsmaße ist es damit möglich, die Ähnlichkeit zwischen Deskriptoren und Suchfrage zu berechnen. Die einzelnen Verfahren sind beispielsweise in (Süss 81, S. 39–49) dargestellt. Stellvertretend sei hier das im FAKYR-System standardmäßig verwendete **Cosinusmaß** kurz erläutert:

  Das Maß der Ähnlichkeit (K) zwischen einem Deskriptor (d) und der Suchfrage (s) wird beim Cosinusmaß als Winkel zwischen ihnen im m-dimensionalen Raum definiert. Je kleiner der Winkel ist, umso ähnlicher sind sich Dokument und Suchfrage. Da im Bereich von 0 bis 90 Grad der Cosinus monoton fällt, kann er als Ähnlichkeitsmaß herangezogen werden. Die Definition in der Mengenschreibweise ist:

$$K_C(d, s) = \frac{|d \cap s|}{\sqrt{|d|^*|s|}} \quad \text{wobei } 0 \leqslant K_C(d, s) \leqslant 1$$

- **Fuzzy-Retrieval**
  Hierbei wird mit Hilfe der Fuzzy-Mathematik und einer linguistischen Analyse der Anfrage versucht eine feinere Abstufung hinsichtlich des Bedeutungsgrads einzelner Deskriptoren in den Dokumenten zu berechnen. Zur Bestimmung des Kompatibilitätsmaßes zwischen Deskriptoren und Dokumenten werden entweder die Deskriptoren als Basisvariable und die Dokumente als Restriktionen herangezogen, oder umgekehrt. Daraus läßt sich die Bedeutung eines Deskriptors bezüglich eines Dokuments, beziehungsweise die Bedeutung eines Dokuments bezüglich eines Deskriptors ableiten.

Wie auch das SMART-System (Abschnitt 3.2.1), verfügt das FAKYR-System über eine **Relevanz-Feedback-Funktion** zur Reformulierung der Anfrage. Hierbei stehen drei Alternativen zur Verfügung:

- **Modifikation der Suchfrage** (Annäherung der Suchfrage an die relevanten Dokumente; statischer Dokumentenraum).
- **Modifikation des Dokumentenraums** (Annäherung des relevanten Dokumentenraums an die Suchfrage; dynamischer Dokumentenraum).
- **Hybride Strategie** (Kombination der ersten beiden Varianten).

Das Prinzip des FAKYR-Retrievalmodells ist abschließend in Abb. 3–6 dargestellt.

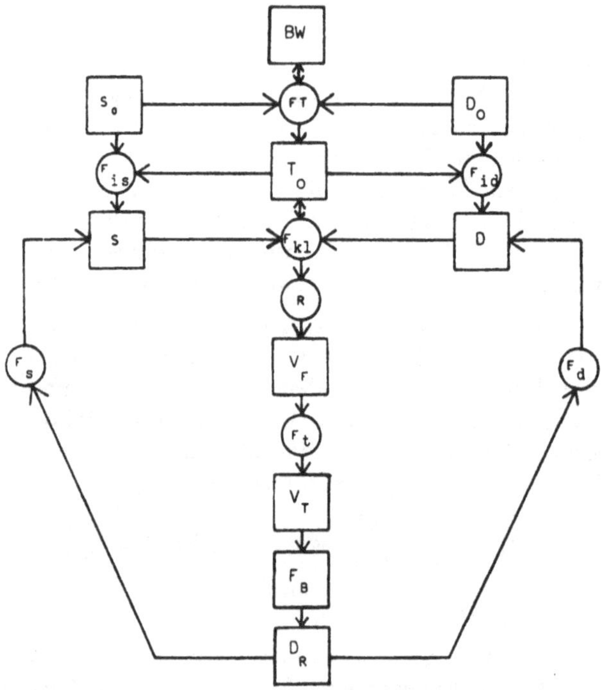

BW Banalwortliste

D_0 Dokumente in natürlicher Sprache.

S_0 Suchfrage in natürlicher Sprache.

T_0 Eigentlicher Thesaurus.

D Dokumente in Indexsprache. Zwischen ihnen und der Suchfrage wird durch R die semantische Korrelation ermittelt.

S Suchfrage in Indexsprache.

V_F Systemvorschlag des FAKYR-Systems.

V_T Systemvorschlag nach Legung des Schnitts.

D_R Vom Benutzer als relevant gekennzeichnetes Dokument.

FT Funktion zur Erstellung des Thesaurus und der Banalwortliste.

F_{id} Indexierung der Dokumente.

F_{is} Indexierung der Suchfrage.

F_{kl} Klassenbildung bezüglich Terme in Dokumenten und Suchfrage.

R Retrievalfunktion: Es wird ein Systemvorschlag ermittelt, in dem alle Dokumente enthalten sind, die mindestens einen Term der Suchfrage enthalten.

F_t Schnitt legen im Systemvorschlag. Damit entfallen alle Dokumente des Systemvorschlags, deren Korrelationskoeffizienten kleiner als der gewählte Schnitt sind.

F_B Relevanzurteil des Benutzers.

F_d Modifikation des Dokumentenraums.

F_s Modifikation der Suchfrage.

Abb. 3–6: Das FAKYR-Retrieval-Modell (Süss 81, S. 21)

3.2.4 LEXIS

Das LEXIS-System (Mead Data Central) wurde speziell für die Verwaltung und Bereitstellung von Gerichtsurteilen konzipiert, wobei eine relativ umfassende Volltextverarbeitung realisiert ist. Eingehende Texte werden einer automatischen Indexierung unterzogen, bei der alle bedeutungstragenden Worte in einer invertierten Datei organisiert und mit dem Originaltext referenziert werden. Zwar ist das System aufgrund automatischer Stammformbildung in der Lage, unterschiedliche Wortendungen weitgehend zu erkennen (beispielsweise bei INFORMATION und INFORMATIONEN) und auf eine äquivalente Bedeutung abzubilden, komplexere morphologische Differenzen allerdings (beispielsweise bei BUCH und BÜCHER) erkennt das System nicht (Salton 83, S. 46). Damit liegt dieser Ansatz weit hinter dem des Systems CONDOR (Siemens) (Büttel 82), bei dem versucht wird, anhand aufwendiger linguistischer Verfahren, alle bedeutungstragenden Worte zu lemmatisieren und in Form von Morphemlisten zu repräsentieren (Thurmair 82, S. 283 ff).

Für die Interaktion mit dem Benutzer verfügt das System über eine Kommandosprache mit booleschen Operatoren, ähnlich wie die der Systeme STAIRS (Abschnitt 3.2.2) oder DIALOG (Abschnitt 3.2.5). Vergleichbar mit diesen Systemen ist auch die Funktionalität von LEXIS, wie beispielsweise die Verfügbarkeit von Kontextoperatoren oder „Word-Frequenzy“ Informationen zur Relevanzberechnung von Dokumenten auf eine spezifische Anfrage. Damit gelten für das LEXIS-System prinzipiell die selben Einschränkungen, bezüglich der Eignung für differenzierte Benutzergruppen, wie sie beispielsweise bei der Diskussion des DIALOG-Systems (Abschnitt 3.2.5) herausgestellt werden.

3.2.5 DIALOG

Das DIALOG-Retrievalsystem (Lockheed 79) ist ein typischer Vertreter der invertierten Systeme und wird überwiegend im Bibliothekswesen eingesetzt. Die Interaktion mit dem System erfolgt über eine Kommandosprache, wobei Dokumente über spezielle Felder (beispielsweise: Verfasser oder Erscheinungsjahr), sowie Schlüsselwörter (Keywords) spezifiziert werden können. Einzelne Felder können mittels der booleschen Operatoren AND, OR, NOT in einem Anfragezyklus verknüpft werden.

Die unzureichende Benutzerfreundlichkeit der DIALOG-Kommandosprache soll folgendes Beispiel verdeutlichen:

Um aus einem Dokumentenbestand diejenigen Dokumente zu selektieren, in denen die drei Begriffe INFORMATION, RETRIEVAL und INTERAKTION relevant sind, sind folgende Schritte erforderlich:

SELECT INFORMATION	(Dieses Kommando erzeugt eine Liste von Dokument-Referenz-Nummern (Set 1), die mit dem Suchbegriff assoziiert sind.)
SELECT RETRIEVAL	(erzeugt Set 2)
SELECT INTERAKTION	(erzeugt Set 3)
COMBINE 1 AND 2 AND 3	(Dieses Kommando verknüpft die zuvor selektierten Set's 1, 2 und 3 mit einem logischen UND und generiert Set 4 als Ergebnis.)

Finden verschiedene logische Operatoren in einem COMBINE-Befehl Anwendung, ist genau zu überlegen, in welcher Reihenfolge diese eingegeben werden. Mit absteigender Priorität werden zuerst die NOT-Operatoren, gefolgt von AND- und OR-Operatoren berücksichtigt. Je nach Anordnung dieser Operatoren in einer Anfrage können unterschiedliche Ergebnisse geliefert werden.

DIALOG sieht weiterhin die Verwendung von sogenannten „Wild-cards“ vor. Hiermit sind Anfragen mit unvollständigen Suchbegriffen in folgenden Formen möglich:

– beliebige Fortsetzung

RETRIEVAL? → RETRIEVALSYSTEM / RETRIEVALKOMPONENTE / RETRIEVALVERFAHREN

– beliebige Fortsetzung bis zu zwei Zeichen

INFORMATION?? ? → INFORMATIONEN / INFORMATIONS

– beliebige Zeichenfolge zwischen den Begriffen

DATEN?SYSTEM → DATENBANKSYSTEM / DATENVERWALTUNGSSYSTEM

Darüberhinaus ist die Verwendung von Kontextoperatoren möglich. Damit wird definiert, bis zu welchem maximalen Wortabstand definierte Suchbegriffe im Kontext der Anfrage relevant sind. Die Verwendung des Kontextoperators „(W)“ geschieht wie folgt:

SELECT RETRIEVAL (W) SYSTEM

(Beide Begriffe müssen als separate Worte unmittel-bar nebeneinander im Satz erscheinen.)

SELECT RETRIEVAL (5W) INTERAKTION

(Der Abstand zwischen beiden Suchbegriffen kann maximal 5 Worte betragen, ansonsten sind sie für die Anfrage nicht relevant.)

Eine Fülle weiterer Kommandos mit unterschiedlicher Syntax macht das System für Spezialisten zu einem mächtigen Werkzeug, für unkundige und Gelegenheitsbenutzer beinhaltet es allerdings eine Reihe von Hindernissen. Unter diesem Aspekt stellt Tou (Tou 82, S. 1) fest:

> „Some database interfaces ... require many hours of instruction to learn; others have a syntax which users find difficult to use and understand (e.g., the boolean expressions of DIALOG)."

3.3 Retrievalsysteme für die Büroumgebung

Den im Abschnitt 3.2 diskutierten Retrievalsystemen ist allen gemeinsam, daß sie nur auf Großrechnern mit sehr großen externen Speichern lauffähig und einsetzbar sind. Neben entsprechend teurer Hardware erfordern diese Systeme zusätzlich hochqualifizierte Fachleute für die Pflege und Wartung der Software und Datenbestände. Im Zuge der Dezentralisierung von Arbeitsplätzen und Computerleistung sind mehrere „persönliche" Retrievalsysteme entwickelt worden, die unter den gegebenen Randbedingungen, wie billige, kleine Hardware (Mini-und Mikrocomputer) und begrenzter externer Speicher (etwa bis zu 50 M-Byte), einsatzfähig sind. Die Analyse derartiger Systeme ist Gegenstand der folgenden Abschnitte.

3.3.1 FINDIT

Das FINDIT-System ist ein experimentelles Retrievalsystem – entwickelt und eingesetzt ausschließlich bei Xerox-PARC – für die Verwaltung von Fachliteratur auf der Basis traditioneller Methoden invertierter Listen. Das System zeichnet sich durch ein bemerkenswertes Konzept der Benutzerschnittstelle aus, in der ein Repräsentationsformalismus realisiert ist, mit dessen Hilfe Informationen in unterschiedlicher Form dem Benutzer effektiv präsentiert werden können. Die Benutzung des Systems bedingt den Einsatz eines hochauflösenden Bildschirms in Verbindung mit einem Zeigeinstrument (Maus) zur direkten Bildschirmmanipulation.

Insbesondere sind es die folgenden Eigenschaften, die das System im Rahmen der Schnittstellendiskussion eines benutzerfreundlichen Retrievalsystems auszeichnen:

1) **Informationsdarstellung (Browser)**
   Basierend auf der Fenstertechnik ist das System als eine Art „Browser" konzipiert, bei dem gleichzeitig mehrere Informationsarten im Kontext der

Anwendung sichtbar und wahlweise manipulierbar sind. Im Beispiel der Abb. 3–8 werden die drei Informationskategorien Schlüsselwörter, Titel und Zusammenfassung in drei separaten Teilbereichen des Bildschirms angezeigt. Der Begriff Browser steht bei DV-Systemen grundsätzlich für Methoden, die es dem Benutzer erlauben, Informationen auf dem Bildschirm nach verschiedensten Kriterien zu „sichten".

2) **Navigationshilfe (Scrollbalken)**
Das Verhältnis der im System verfügbaren Information zur Menge der am Bildschirm angezeigten Information wird für das jeweils aktive Fenster in Form eines sogenannten „Scrollbalken" angezeigt. Zusätzlich bietet er dem Benutzer eine Orientierungshilfe bezüglich der momentan angezeigten Position im Gesamttext. In Abb. 3–7 ist das Prinzip schematisch dargestellt (siehe auch Abb. 3–8 und Abb. 3–9).

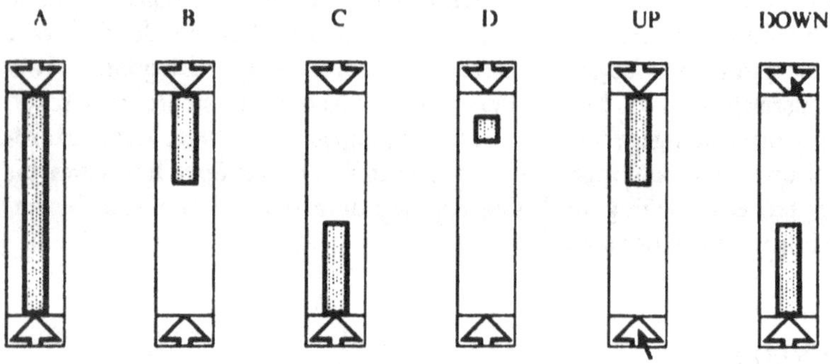

Abb. 3–7: Prinzip der Navigationshilfe (Scrollbalken) (Weyer 82, S. 131)

A: Ein vollständiger Balken von Pfeil zu Pfeil zeigt an, daß der gesamte Text angezeigt wird.

B: Der erste Teil des Textes, etwas weniger als die Hälfte, ist sichtbar.

C: Der letzte Teil des Textes, etwas weniger als die Hälfte, ist sichtbar.

D: Nur ein kleiner Teil des Textes, nahe am Anfang, ist sichtbar.

Durch Aktivierung der Pfeile **UP** und **DOWN** kann der Text beliebig vertikal (zeilenweise) bewegt werden.

3) **Key-Wort-Suche**
In Abb. 3–8 ist ein typisches Beispiel dieser Systemvariante dargestellt. Der obere Bildschirmbereich enthält in der rechten Ecke eine Teilliste der im System enthaltenen Deskriptoren (Keys). Über zwei Indexstufen (linker und mittlerer oberer Bildschirmbereich) wird die gewünschte Deskriptor-

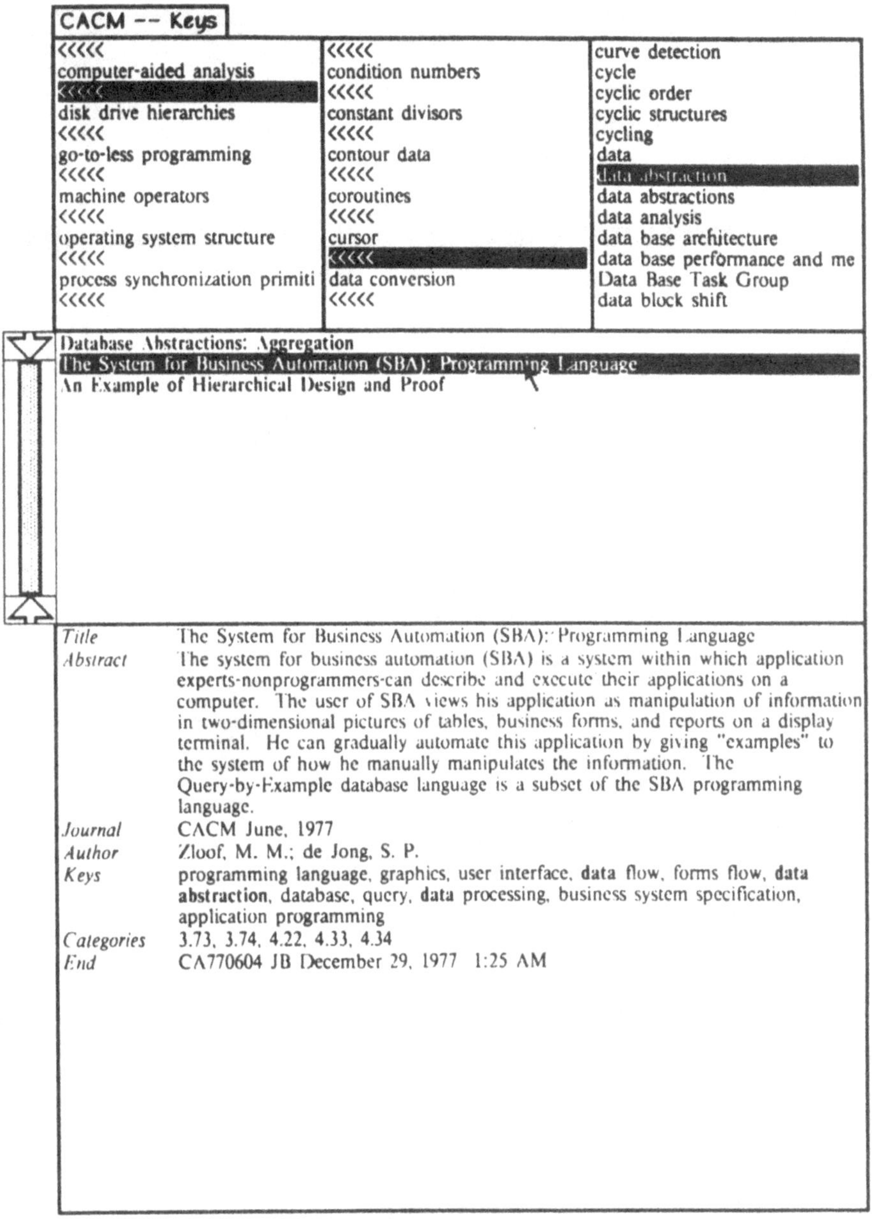

Abb. 3–8: Recherche mit Key-Wörtern (Weyer 82, S. 43)

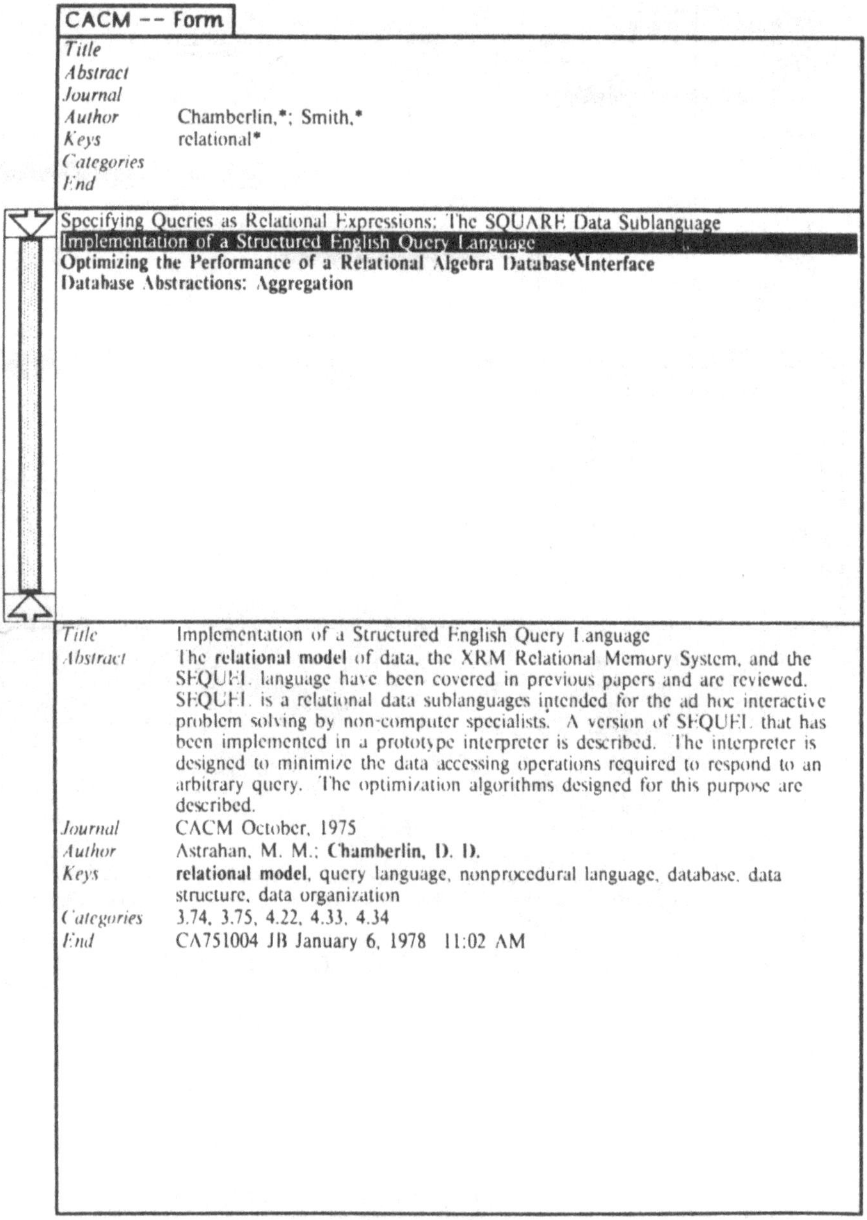

Abb. 3–9: Formulargestützte Anfrage (Weyer 82, S. 44)

Teilliste selektiert. Die Auswahl eines oder mehrerer Deskriptoren (inverse Darstellung) führt zur Selektion der mit diesen Deskriptoren referenzierten Artikel, wobei die gefundenen Titel im mittleren Bildschirmbereich zur Anzeige gelangen. Die Auswahl eines Titels führt dann zur Anzeige des entsprechenden Dokumententextes (Abstract, Author...) im unteren Bildschirmbereich. Der Scrollbalken im mittleren Bildschirmbereich zeigt an, daß lediglich drei Artikel mit dem gesuchten Deskriptor (data abstraction) im System enthalten sind.

4) **Formulargestützte Anfrage**
Diese Art der Formulierung von Suchanfragen basiert auf dem von Zloof 1975 vorgestellten Ansatz „Query by Example" (Zloof 77), (Zloof 82). Hierbei trägt der Benutzer in einem Beispielformular (Muster) diejenigen Suchbegriffe ein, an die er sich erinnern kann oder die er als zutreffend vermutet. Das Beispiel in Abb. 3–9 zeigt einen solchen typischen Fall. Der Unterschied zur Key-Wort-Suche besteht dabei in der Gestaltung und der Funktion des obersten Bildschirmbereichs. Dieser enthält das bereits erwähnte Beispielformular, in das der Benutzer unter der Rubrik „Author" die Verfasser „Chamberlin" oder „Smith" eingetragen hat. Unter der Rubrik „Keys" sucht der Benutzer nach allen Deskriptoren (Keys), die mit dem Begriff „relational" beginnen. Innerhalb einer Zeile (Feld) wendet das System automatisch das logische ODER an, zwischen verschiedenen Zeilen (Felder) das logische UND. Der Benutzer ist somit nicht gezwungen, seine Anfrage in einer speziellen booleschen Notation zu formulieren, wie beispielsweise: (AUTHOR = „Chamberlin,*" OR AUTHOR = „Smith,*") AND (KEYS = „relational*"). Die Anzeige der Titel und des jeweiligen Abstract geschieht in der gleichen Weise, wie bereits unter Key-Wort-Suche (Punkt 3) beschrieben.

5) **Visualisierung**
Das System unterstützt in einigen wichtigen Aspekten das menschliche Erinnerungsvermögen durch folgende Eigenchaften (siehe Abb. 3–9):

- Alle gefundenen Suchbegriffe einer Anfrage werden im Text (unterer Bildschirmbereich) durch doppelte Helligkeit hervorgehoben.
- Die Darstellung der Titel (mittlerer Bildschirmbereich) erfolgt je nach Status: invertiert (aktueller, angezeigter Text, mit doppelter Helligkeit (noch nicht selektierte Titel) und normal (bereits selektierte Titel).
- Titel, die auch bei einer neuen Anfrage im Titel-Feld erhalten bleiben sollen, werden durch Unterstreichung markiert (in Abb. 3–9 nicht enthalten).

Neben diesen bemerkenswerten Systemeigenschaften weist FINDIT jedoch auch einige Nachteile auf, die das System für den Einsatz im Büro nur bedingt geeignet erscheinen lassen. So ist das Konzept von FINDIT auf die Verwaltung von Literatur (Fachartikel, Bücher, ...) ausgerichtet. Für die Büroarbeit so wichtige Kriterien wie beispielsweise die Bildung von unterschiedlichen kontextabhängigen Rubriken für spezifische Informationen oder die Verwendung des Datums als Suchkriterium unter verschiedenen Aspekten (Erstellung, Eingang, Änderung, Zugriff), sind im FINDIT-System nicht berücksichtigt. Darüberhinaus bietet das System bei der Recherche nicht die Möglichkeit der Reformulierung der Suchanfrage. Anfragen, auch wenn sie Kriterien einer bereits durchgeführten Anfrage beinhalten sollen, müssen stets neu formuliert werden. Ebenso bietet das System keine Unterstützung für die phonetische Suche oder für die Korrektur der Benutzereingaben.

3.3.2 ALL-IN-1

Hinter dem Begriff ALL-IN-1 (Digital 84) verbirgt sich ein Softwaresystem, das auf einem umfassenden Konzept zur dezentralen Computernutzung an Büroarbeitsplätzen basiert. Unter einer einheitlichen, menügesteuerten Benutzungsoberfläche stehen dem Benutzer verschiedene Bürofunktionen zur Verfügung. So auch das „ALL-IN-1 File Cabinet" – die Retrievalkomponente des Systems. Diese Retrievalkomponente basiert auf dem Prinzip der Invertierung verbunden mit einer Systemarchitektur, die einer manuellen Ablageorganisation nach dem Schema Aktenordner und Dokument entspricht. Dokumente können dabei nach folgenden Kriterien selektiert werden (siehe Abb. 3–10):

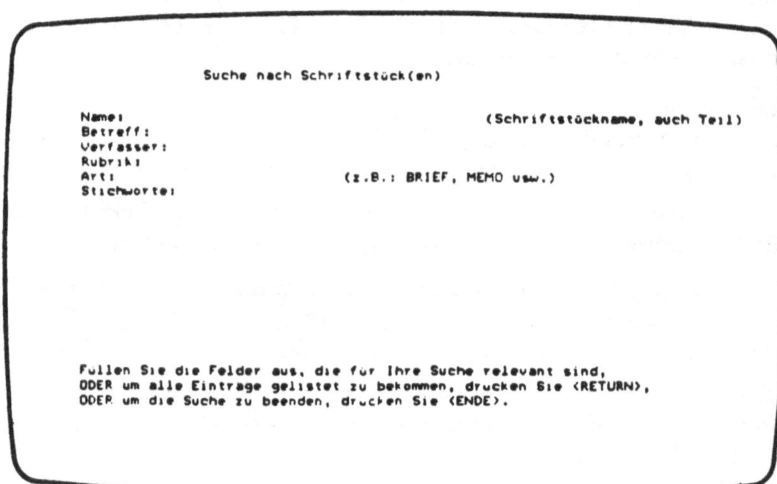

Abb. 3–10: Recherche-Modus (Digital 84)

Im einzelnen haben die Einträge folgende Bedeutung:

- **Dokumenten-Name**
  Der Name oder Titel (bis zu 30 Zeichen), unter dem das Dokument abgelegt ist. Es können auch Namens- oder Titel-Fragmente angegeben werden, das System sucht dann nach allen mit diesen Fragmenten beginnenden Dokumenten-Namen.
- **Untertitel (Betreff)**
  Ein das Dokument beschreibender Text (bis zu 60 Zeichen).
- **Verfasser-Name**
  Der Verfasser eines Dokuments. Die alternative Suche bei mehreren Verfassern ist nicht möglich.
- **Rubrik**
  Die Definition der Ablageordnung; sie entspricht der herkömmlichen Beschriftung von Aktenordnern.
- **Art**
  Die Art eines Dokuments (beispielsweise Brief, Nachricht, Manuskript, Zeitschrift, ...).
- **Stichworte**
  Frei zu vergebende Stichworte, die auf das jeweilige Dokument verweisen, also nicht Bestandteil des eigentlichen Textes sind (Keyword-Index). Die Anzahl der Stichworte pro Dokument wird indirekt über die maximale Zeichenzahl von 60 Zeichen (1 Zeile) begrenzt. Die interne Repräsentation der Stichworte erfolgt unabhängig von der Schreibweise in Großbuchstaben.

Die Formulierung einer Anfrage entspricht im Prinzip der formulargestützten Anfrage, wie sie im FINDIT-System (Abschnitt 3.3.1) und im LARS-System (Abschnitt 3.3.4) realisiert sind. Dem Benutzer ist es dabei freigestellt, welche Suchkriterien er zur Selektion heranzieht. Bei der Verwendung von mehr als einem Suchkriterium werden diese untereinander mit einem logischen UND verknüpft. Eine alternative Verknüpfung mit einem logischen ODER oder NICHT ist ausgeschlossen.

Der Zugriff zu allen Funktionen ist über hierarchisch organisierte Menüs realisiert, was zu einer leichten Benutzbarkeit des Systems beiträgt. Inhaltsverzeichnisse der gespeicherten Dokumente oder der Stichworte lassen sich in verschiedenen Zusammenhängen und Varianten generieren und auf dem Bildschirm „durchblättern". Das System trägt so zur besseren Transparenz bei, und erleichtert darüberhinaus die Suche nach Dokumenten durch aktives Erinnern an vorhandene Einträge. Zusätzlich ist im System ein sogenannter Papierkorb integriert, in dem automatisch alle gelöschten Dokumente „gesammelt" werden. Diese bleiben für den Benutzer so lange abrufbar, bis sie auch dort explizit gelöscht werden.

Trotz eines brauchbaren Konzepts sind in ALL-IN-1 folgende Systemeigenschaften zu bemängeln:

- Das Datum wird systemseitig nicht als Suchkriterium berücksichtigt.
- Es besteht nicht die Möglichkeit der phonetischen Suche, ein Suchbegriff wird nur dann gefunden, wenn er mit der Suchfrage absolut identisch ist.
- Die Möglichkeit der Gewichtung von Suchbegriffen bei der Stichwortsuche ist nicht gegeben.
- Gefundene Dokumente werden nicht automatisch angezeigt, sondern erst nach Verlassen der Funktion Suchen und Starten der Funkion Nachschlagen/Selektieren.
- Die Reformulierung einer Anfrage ist nicht möglich.

3.3.3 µDOSS

Das System µDOSS (Dedicated Office Systems + Services) (IBBG 85) ist eine Entwicklung der Münchener Firma IBBG. Das Retrievalsystem ist speziell für den Einsatz im Bürobereich konzipiert, voll menügesteuert und mit einer strikten Benutzerführung ausgestattet. Bei µDOSS handelt es sich um ein Volltext-Retrievalsystem, wobei jedes Wort eines Textes in einer sogenannten Wörterliste (Index) eingetragen wird – also auch Stop-Worte wie beispielsweise Artikel oder Bindewörter. Das System basiert, wie auch das LARS-System (Abschnitt 3.3.4) auf B-Baum orientierten Datenstrukturen, was entscheidend zu einem guten Antwortzeitverhalten beiträgt. Insgesamt besteht µDOSS aus fünf Modulen:

- **Vorablage**, mit der Dokumente erfaßt und für die spätere Integration (Reorganisation) in das System bereitgestellt werden.
- **Ablage**, mit der vorabgelegte Dokumente in das Gesamtsystem integriert werden (Reorganisation der Datenbank).
- **Nachweis**, verschiedene Methoden, um Dokumente zu suchen (Recherche).
- **Änderungsdienst**, mit dem die Namen der einzelnen Dokumentenbereiche (Poolbezeichnungen) geändert werden können.
- **Bedienungsanleitung**, die über die Hilfe-Funktion abrufbaren Benutzungshilfen des Systems.

Im einzelnen kann das System durch folgende Eigenschaften charakterisiert werden:

1) **Grob-Recherche**
Dokumente, die in µDOSS abgelegt werden, werden neben ihrer Volltextabbildung in der Wörterliste zusätzlich durch drei feste Begriffe referenziert:

- **Poolbezeichnung,** 8 Poolbereiche stehen zu Verfügung und dienen einer groben Informationsdifferenzierung (siehe Abb. 3–11);
- **Eingabedatum,** wird vom Benutzer bei der Dokumentenerfassung angegeben;
- **Schlagwort,** ein frei zu wählender Begriff (Deskriptor), der aus mehreren Wörtern bestehen kann. (maximale Länge insgesamt 18 Zeichen).

```
doss-t                      ANZEIGE DER KURZTITEL-REGISTER

Tabelle der Poolbezeichnungen:

                     1 :     Notizen              ( 2      Texte)
                     2 :     Kunden               ( 1      Texte)
                     3 :     Lieferanten          ( 0      Texte)
                     4 :     Marketing            ( 0      Texte)
                     5 :     Termine              ( 0      Texte)
                     6 :     Literatur            ( 1      Texte)
                     7 :                          ( 0      Texte)
                     8 :                          ( 0      Texte)

weiter (J)? ■
```

Abb. 3–11: Anzeige der 8 Poolbereiche mit Angabe der Dokumentenanzahl

Die Recherche über diese drei Begriffe (siehe auch Abb. 3–12) dient primär zur Vorauswahl relevanter Dokumente, um sie dann mittels der Nachweis-Funktion (Punkt 2) abschließend zu selektieren.

2) **Nachweis (freie Recherche)**
Die Funktion „Nachweis" stellt den eigentlichen Recherche-Modus in µDOSS dar, innerhalb dessen der Volltext-Zugriff auf alle im System abgelegten Dokumente möglich ist. Nach Eingabe eines beliebigen Suchwortes prüft das System, ob der Suchbegriff in der Wörterliste enthalten ist und mit welchen Texten dieser referenziert ist. Das Ergebnis einer derartigen Anfrage besteht in der Nennung der Anzahl aller gefundenen Referenzen (siehe Abb. 3–13).

```
 Nr.  Pool                      Datum       Schlagwort
---------------------------------------------------------------------------
    1  Notizen                  85-10-01    Projekt Müller
    2  Notizen                  85-06-30    Vernetzung
    3  Literatur                85-11-01    Datenbanken
    4  Kunden                   86-01-30    Müller
Moechten Sie Volltextanzeigen (j/n)? j
lfd. Nr. des gewünschten Textes aus Übersichtsliste eingeben,
 dann 'return' drücken ('e' = Ende)
■
```

Abb. 3–12: Grobrecherche anhand der Referenzen: Poolbezeichnung, Datum und Schlagwort

```
DOSS Nachweis ist bereit fuer Ihre Recherche Nr. 1

Sie recherchieren in saemtlichen Pools

Bitte Ihre Eingabe (Eingabe-Ende: 'return')
Retrieval
zur Bearbeitung gelangt:
RETRIEVAL
Stichwortbearbeitung
keine Referenzen f. RETRIEVAL - Suchwort ignoriert
bisher keine Gesamtfundstellen
Bitte Ihre Eingabe (Eingabe-Ende: 'return')
■
```

Abb. 3–13: Freie Recherche (Nachweis)

Die logische Verknüpfung von Suchbegriffen beschränkt sich auf ein logisches UND, indem nach Eingabe eines Suchbegriffs und Ausgabe des entsprechenden Ergebnisses ein weiterer Suchbegriff eingegeben wird. Zunächst werden alle Referenzen des neuen Suchbegriffs ermittelt, um sie dann mit den Referenzen des ersten Suchbegriffs durch ein logisches UND zu verknüpfen. Dieser Zyklus ist beliebig wiederholbar (Verfeinerung).

Das System verfügt weiterhin über eine „Wild-Card" Funktion (Truncation) sowie die Möglichkeit zur sogenannten Distanz-Recherche. Die Distanz-Recherche erlaubt durch Eingabe zweier Suchbegriffe in einer Zeile (beispielsweise „relative" „Häufigkeit" die Ermittlung von Texten, in denen diese beiden Begriffe hintereinander vorkommen. Zur Unterstützung des Benutzers werden bei der Volltextanzeige gefundene Suchwörter durch Blinken hervorgehoben.

Darüberhinaus sind im Nachweis-Modus folgende Anweisungen (Befehle) möglich:

w	Wörterliste ab Beginn
w (und Wort)	Wörterliste ab gesuchtem Wort
v	Volltextanzeige ab dem ersten ermittelten Text
v (und Textnummer)	Volltextanzeige ab der angegebenen Textnummer
s	Schlagwortanzeige
s (und Textnummer)	Schlagwortanzeige ab der angegebenen Textnummer
p	Recherche in allen Pools
p (und Poolnummer)	Recherche im angegebenen Pool
k	Korrektur des angezeigten Textes
l	Löschung des angezeigten Textes
d	Bildschirmdruck
f	Druckfortsatz (Volltexte)
x	Ende der Recherche mit Löschung der bisherigen Fundstellen
e	Ende der Funktion Nachweis

Obwohl dem System µDOSS einige gute Konzepte zugrundeliegen, weist es doch in einigen Punkten massive Schwachstellen auf. Insbesondere sind dies:

- Die fehlende Stop-Wort-Bereinigung bei der Abbildung des Volltextes in der Wörterliste bläht das System unnötig auf, führt damit zu längeren Verarbeitungszeiten und erschwert zusätzlich die Orientierung bei der Durchsicht der Wörterliste mit der „W" Anweisung im Nachweis-Modus.
- Die Beschränkung der Dokumentengröße auf 17 Zeilen kann sich als sehr hinderlich erweisen. Die empfohlene Aufsplittung eines Dokuments in mehrere kleine Dokumente wird vom System nur unzureichend unterstützt.
- Die Reformulierung einer Anfrage ist nicht möglich. Anfragen können lediglich verfeinert, nicht aber erweitert werden.
- Die Möglichkeit der phonetischen Suche ist nicht gegeben.

- Das Datum als Suchkriterium ist lediglich in Form des Ablage-Datums vorgesehen.
- Die Bildung von Dokumenten-Kategorien wird nur rudimentär unterstützt (8 Poolbereiche).

3.3.4 LARS

Das LARS-System (Literatur-Archivierungs- und Recherche-System) (Midas 85) der Firma Midas (Frankfurt) ist, wie der Name bereits ausdrückt, ein speziell für die Archivierung von Literatur konzipiertes Retrievalsystem. Im Gegensatz zu dem Volltext-Retrieval System µDOSS (Abschnitt 3.3.3) ist LARS ein datenbankorientiertes Referenz-Retrievalsystem, das wie µDOSS menügesteuert ist, nicht aber dessen starre Benutzerführung aufweist. Bedingt durch eine auf B-Bäumen basierende Datenstruktur und einer Begrenzung der Anzahl der Suchkriterien (insgesamt begrenzt über die Länge eines Dokuments von 60 Zeilen 'a 60 Zeichen) weist das System sehr kurze Suchzeiten auf. Im einzelnen sind folgende Systemeigenschaften von besonderem Interesse:

1) **Recherche (formulargestützte Anfrage)**
   Ähnlich des im FINDIT-System (Abschnitt 3.3.1) realisierten formulargestützten Anfrage-Modus enthält das LARS-System einen Recherche-Modus, bei dem in Form eines Musters alle gültigen (indexierten) Suchkriterien zur Auswahl angeboten werden (siehe Abb. 3 – 14).

Die im jeweiligen Modus des Systems gültigen Funktionen werden am unteren Bildschirmrand angezeigt und über die Funktionstasten initiiert. Die einzelnen Funktionen im Recherche-Modus haben folgende Bedeutung:

F1: **Hilfe** gibt auf dem Bildschirm entsprechend dem System-Status Hilfsinformationen aus.

F2: **Start Suche** startet die Suche anhand der eingegebenen Suchbegriffe.

F3: **Neue Anfrage** löscht vorhandene Einträge und veranlaßt einen neuen Anfragezyklus.

F4: **UND/ODER** definiert die logische Verknüpfung von verschiedenen Suchkriterien bei der Anfrage. Wenn nichts explizit definiert wird, verknüpft das System automatisch innerhalb einer Zeile mit dem logischen UND, verschiedene Zeilen untereinander mit dem logischen „ODER“. Diese Einstellung kommt in der Bildschirmmaske durch ein „U“ (UND) oder „O“ (ODER) hinter den einzelnen Suchkriterien zu Anzeige (siehe Abb. 3 – 14).

```
***  Recherchieren     ***                             LITERA
________________________________________________________________
Titel               0
Dokumenttyp         0
Autor               0
                    0
Erscheinungsjahr    0
Schlagwort          0
                    0
Zeitschriftenname   0
Fundort             0




________________________________________________________________
Bitte Funktion auswählen........
________________________________________________________________
1 Hilfe 2 Start 3 Neue  4 UND/  5 Inter 6 Wort- 7 Zusatz8 Neuer 9 Alte  1 Menü
          Suche   Anfr.   ODER    vall    stamm   Zeile   Wert    Anfr. 0 ----
```

Abb. 3–14: Recherche-Modus mit formulargestützter Anfrage (Midas 85, S.32)

F5: **Intervall** veranlaßt die Suche innerhalb eines zu spezifizierenden lexikografischen Teilbereichs eines Suchkriteriums.

F6: **Wortstamm** entspricht der bekannten „Wildcard“- Funktion (beispielsweise liefert der Begriff „phys“ alle Begriffe, die mit phys... beginnen).

F7: **Zusatzzeile** erweitert den definierten Eingabebereich (beispielsweise 2 Zeilen), falls dieser Platz für die aktuelle Eingabe nicht ausreicht.

F8: **Neuer Wert** ermöglicht bei mehrfach indexierten Feldern die Eingabe mehrerer Suchbegriffe (beispielsweise bei der Angabe verschiedener Autoren).

F9: **Alte Anfrage** verknüpft eine alte Anfrage (referenziert über die Nummer der Suchanfrage) mit einer aktuellen Anfrage.

F10: **Menü** beendet den aktuellen Vorgang und zeigt dem Benutzer das Hauptmenü am Bildschirm an.

2) **Freie Recherche**
Im Gegensatz zur Recherche (Punkt 1) werden dem Benutzer in diesem Modus nicht die möglichen Suchkriterien angezeigt, sondern ein leeres Eingabefeld in der Bildschirmmitte in dem er die Suchfrage formuliert (siehe Abb. 3–15). Hierzu muß er die für ihn relevanten Suchkriterien

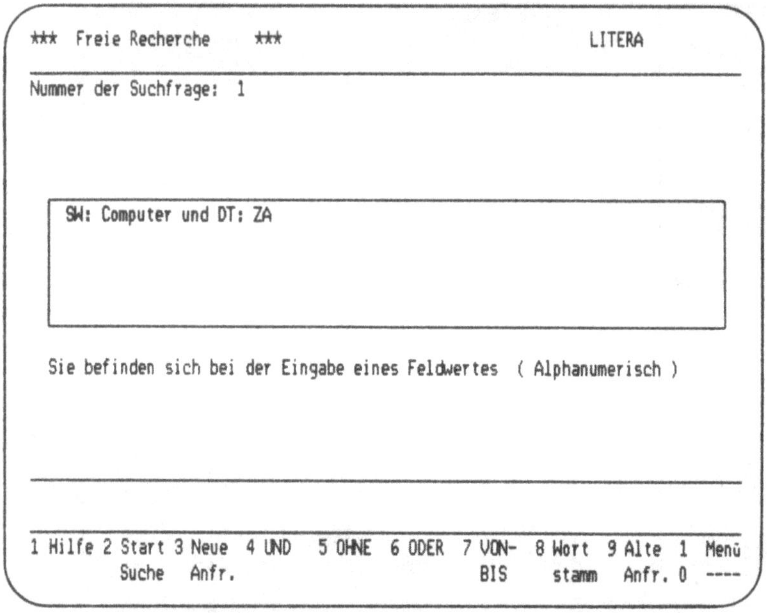

Abb. 3–15: Freie Recherche: Eingabe-Modus (Midas 85, S. 44)

kennen, über die er gewünschte Referenzen auffinden kann. Ebenso muß er bei der Anwendung mehrerer Suchbegriffe die logischen Operatoren explizit formulieren. Im Beispiel der Abb. 3–15 werden alle Dokumente gesucht, in denen das Schlagwort (SW:) Computer vorkommt und (UND) vom Dokumenttyp (DT:) Zeitungsartikel (ZA) sind. Am oberen Bildschirmrand erscheint die Nummer der aktuellen Suchfrage und unterhalb des Eingabe-Feldes der momentane Status. Die Belegung der Funktionstasten entspricht weitgehend der Belegung im Recherche-Modus (Punkt 1). Abweichend hiervon sind:

F4: **UND** definiert ein logisches UND

F5: **OHNE** definiert ein logisches NICHT

F6: **ODER** definiert ein logisches ODER

F7: **VON-BIS** enspricht der Intervallsuche des Recherche- Modus (Punkt 1).

Das Ergebnis einer Anfrage erscheint in der Status Zeile (unterhalb des Eingabefeldes) und besteht aus der Anzahl der Fundstellen sowie der Nummer der Suchfrage unter der das Ergebnis abgespeichert ist. In diesem Modus stehen dem Benutzer zwei neue Funktionen zur Auswahl bereit (siehe Abb. 3–16):

```
*** Freie Recherche    ***                              LITERA
------------------------------------------------------------------
Nummer der Suchfrage: 1


  SW: Computer und DT: ZA


  Suchanfrageergebnis:    4  unter Suchfrage    1 abgespeichert.

------------------------------------------------------------------

------------------------------------------------------------------
1 Hilfe 2Format 3 Neue  4 Zeige                          1  Menü
        Ausgabe  Anfr.   Dokum.                          0  ----
```

Abb. 3–16: Freie Recherche: Ergebnis-Anzeige (Midas 85, S. 44)

F2: **Format Ausgabe** initiiert die Ausgabe der gefundenen Dokumente nach näher zu spezifizierenden Kriterien auf einem Drucker oder einer Datei.

F4: **Zeige Dokument** bewirkt die Anzeige der gefundenen Dokumente auf dem Bildschirm.

3) **Phonetische Suche**
LARS vefügt über die Möglichkeit Suchbegriffe phonetisch zu suchen. Hierbei werden phonetisch gleich oder ähnlich klingende Begriffe (wichtig besonders bei Namen) als relevant erkannt.

4) **Formatierte Ausgabe**
Für die wahlweise auf Drucker oder Datei gewünschte Dokumentenausgabe verfügt das System über eine Art Listen-Generator, mit dem die formatierte Ausgabe in vier Varianten möglich ist:

- **Standard-Format I**, die Ausgabe erfolgt alphabetisch sortiert nach einem beliebigen Indexbereich, bei Mehrfachindex (beispielsweise AUTHOR) gilt der alphabetisch kleinste Suchbegriff als Sortierkriterium, unabhängig von der Position in der Indexliste.
- **Standard-Format II**, wie Standard Format I, jedoch gilt der jeweils erste Eintrag in der Indexliste als Sortierkriterium.

*** Anzeigen einer Datenbank-Definition *** LITERA

Pos.	Feldname	Kurzbez.	Indexierung	Feldwerte	Z.-Lge	Z.-Anz.
1	Titel	TI	Einfach (20)	Alphanum.	Var.	2
2	Dokumenttyp	DT	Einfach	Alphanum.	5	1
3	Autor	AU	Mehrfach	Alphanum.	Var.	1
4	Erscheinungsjahr	EJ	Einfach	Numerisch	4	1
5	Schlagwort	SW	Mehrfach	Alphanum.	Var.	3
6	Zeitschriftenname	ZN	Einfach	Alphanum.	50	1
7	Fundort	FU	Einfach	Alphanum.	50	1
8						
9						
10						
11						
12						
13						
14						

Bitte Funktion auswählen........

1 Hilfe 4 DB ändern 6Abbruch 8 DB löschen 9 DB umben. 1 Menü 0 ----

Abb. 3–17: Beispiel einer Datenbank-Definition (Midas 85, S. 21)

- **Freies Format**, die Reihenfolge der Suchkriterien bei der Ausgabe ist bestimmbar.
- **Definiertes freies Format**, ein bereits abgespeichertes freies Format.

Obwohl das LARS-System menügesteuert ist, erfordert die Benutzung des Systems einige Erfahrung im Umgang mit Computersystemen, sowie Kenntnisse über Prinzipien und Anwendung von Datenbanksystemen. So muß der Benutzer beispielsweise die Suchkriterien, nach denen ein Dokumentenbestand indexiert werden soll, in der Initialisierungsphase des Systems explizit und detailliert definieren. Ein Beispiel einer Datenbank-Definition zeigt Abb. 3–17. Das Beispiel macht deutlich, daß der Benutzer bereits bei der Initialisierung des Systems exakte Vorstellungen über das Problem sowie Kenntnisse über Strukturen von Datenbanksystemen haben muß.

Als weitere Nachteile sind folgende Systemeigenschaften anzumerken:

- Die Reformulierung einer Anfrage ist nicht möglich, lediglich die Kombination verschiedener (vollständiger) Anfragen ist vorgesehen.
- Das Ergebnis einer Anfrage kommt nicht unmittelbar zur Anzeige, sondern erst nach Kommando-Eingabe.

- Einrichtungen zur Textaufbereitung (Visualisierung) wie beispielsweise die Hervorhebung der gefundenen Suchbegriffe bei der Ergebnisanzeige existieren nicht.
- Das System läßt lediglich die Bildung von vier unterschiedlich definierten Datenbanken zu.
- Das Datum wird nicht als implizites (systemseitiges) Such-Kriterium behandelt.
- Die Verkleinerung (teilweise Löschung) bestehender Dokumente ist nicht möglich.

3.4 Bewertung und Folgerung

Aufgrund des in diesem Buch verfolgten kognitiven Ansatzes (siehe Abschnitt 3.1.4), beschränkt sich die vorgenommene Untersuchung vor allem auf die Analyse der Mensch-Computer-Schnittstelle der einzelnen Systeme. Hierbei werden neben mehr informatikorientierten Fragestellungen (beispielsweise Art der Interaktion oder Feedback-Mechanismen) und deren Überprüfung auf kognitive Adäquanz, auch Aspekte der Übertragbarkeit gewohnter Arbeitsweisen und -inhalte auf derartige Systeme berücksichtigt. Weitere Kriterien, wie beispielsweise die interne Struktur oder die Leistungsfähigkeit der Systeme, werden nur partiell betrachtet.

Das Spektrum der untersuchten Retrievalsysteme kann in einem ersten Schritt unter zwei wesentlichen Aspekten differenziert werden:

- Systeme, deren Konzepte speziell auf das Bibliothekswesen abzielen. Diese Systeme sind derart komplex, daß sie nur auf Großrechnern mit enormen externen Speichern lauffähig sind (siehe Abschnitt 3.2).
- Systeme, die in ihren Einsatzmöglichkeiten grundsätzlich flexibler sind und bereits auf kleinen und kleinsten Rechnern (Mini / Mikro) zum Einsatz kommen können (siehe Abschnitt 3.3).

Für die weitere Diskussion und zum besseren Verständnis des hier verfolgten Ansatzes ist es notwendig, zunächst die entscheidenden Unterschiede dieser beiden Anwendungsbereiche aufzuzeigen. In Abb. 3 – 18 werden beide Bereiche entlang einer Reihe von Kriterien differenziert.

Bei der Analyse beider Spalten wird deutlich, daß sowohl die Systemumgebung, als auch die Benutzercharakteristik stark voneinander abweichen. Der Grund liegt darin, daß traditionelle Dokumenten-Retrievalsysteme überwiegend für eine enge Benutzergruppe in einem relativ abgegrenzten Anwendungsbereich (in der Regel die Recherche wissenschaftlicher Literatur) konzipiert

	Traditionelle Dokum.-Retrieval-Systeme	Büro-Dokumenten-Retrieval-Systeme
Systemumgebung	einfach, isolierte Systeme	komplex, dynamisches Umfeld
Systemcharakteristik	große Datenmengen, langsames Wachstum, homogene Informationen	kleine Datenmengen, dynamisches Verhalten, inhomogene Informationen
Datentypen	Text	Text, Zahlen, Grafiken
Taxonomie	weitgehend bekannt	relativ unbekannt, vielschichtig
Zeit-Faktor	keine Bedeutung	große Bedeutung
Datenschutz	keine privaten Daten	private und allgemeine Daten
Benutzertyp	Dauerbenutzer (Rechercheur), mittlere bis gute Systemkenntnisse	Gelegenheitsbenutzer, keine oder wenig Systemkenntnisse
Benutzerverhalten	einfache, uniforme Anfragen, keine Manipulationen	vielfältige Anfragen, häufige Manipulation

Abb. 3–18: Charakteristik von Büro- und traditionellen Dokumenten-Retrievalsystemen

wurden. Die Übertragung derart dedizierter Systeme und Konzepte auf stark erweiterte Anwendungsbereiche, wie sie Büroumgebungen darstellen, muß zwangsläufig zu unbefriedigenden Lösungen führen.

Diese Annahme wird durch die Ergebnisse der vorgenommenen Analyse in vollem Umfang bestätigt. Abgesehen davon, daß die traditionellen Dokumenten-Retrievalsysteme, aufgrund ihrer spezifischen Konzepte, für Büroaufgaben und Gelegenheitsbenutzer ohnehin nicht geeignet sind, weisen die „bürorientierten" Systeme ebenfalls erhebliche konzeptionelle Mängel auf. Dies trifft zu sowohl hinsichtlich mangelnder Orientierung am Benutzer (mit Ausnahme des FINDIT-Systems) als auch hinsichtlich unzureichender Berücksichtigung typischer Büroaufgaben.

Keines der betrachteten Systeme erfüllt alle Kriterien, wie sie im Rahmen der Diskussion zur Mensch-Computer-Kommunikation (Kapitel 2) formuliert werden. Von allen betrachteten Systemen sind zwar im FINDIT-System (Abschnitt 3.3.1) mit Abstand die meisten kognitiven Aspekte berücksichtigt, das

System ist aber funktionell derart eingegrenzt, daß es für den Einsatz im Bürobereich nur bedingt geeignet ist. Hinsichtlich der spezifischen Aufgabenerfüllung im Büro unterstützt kein System die Erinnerungsfähigkeit des Benutzers oder berücksichtigt Vergessen und Hinausschieben von Arbeiten. Ebenfalls wird bei keinem System in adäquater Weise **das Datum als implizites Suchkriterium** berücksichtigt, obwohl gerade dem Datum als Bezugsgröße im Bürobereich eine besondere Bedeutung zukommt (siehe hierzu Abschnitt 2.5.1).

Die **iterative Präzisierung einer Suchfrage** (Reformulierung der Anfrage), im Sinn der Überlegungen von Abschnitt 2.5.2, ist lediglich im SMART-System (Abschnitt 3.2.1) und im FAKYR-System (Abschnitt 3.2.3) in Form der Relevanz-Feedback-Funktion möglich. Ihre gezielte Handhabung setzt allerdings relativ umfassende Systemkenntnisse voraus, was für ungeübte und Gelegenheitsbenutzer keine geeignete Hilfe darstellt.

Die explizite Behandlung von **Synonymen** ist nur im STAIRS-System (Abschnitt 3.2.2) und im FAKYR-System möglich. Im SMART-System wird dieses Problem bedingt über die auf Clustern definierten Ähnlichkeiten gelöst (Cluster-Hypothese).

Ein hinlänglich bekanntes Problem bei informationsverwaltenden Systemen stellen Schreibfehler im Informationsbestand dar. So führen Schreibfehler, sowohl bei der Informations-Erfassung als auch bei der Formulierung von Anfragen, zu beträchtlichen Einbußen der Ergebnisgüte (Bourne 77), (Blair 85). Trotz der Kenntnisse hinsichtlich dieser Fehlerquelle verfügt kein System über Verfahren zur **automatischen** oder zumindest **halbautomatischen Schreibfehler-Korrektur.**

Die Möglichkeit der **Termgewichtung** (Definition der relativen Bedeutung eines Suchbegriffs innerhalb einer Anfrage) hingegen, ist in allen traditionellen Retrievalsystemen gegeben. Die Tatsache, daß derartige Funktionen in den „büroorientierten" Systemen nicht enthalten sind, kann vernachlässigt werden, da nach Salton (Salton 83, S. 47 f) die Termgewichtung die Güte eines Anfrageergebnisses nicht sonderlich verbessert.

Allgemein kann festgestellt werden, daß zwar in den traditionellen Retrievalsystemen – und hier insbesondere in den experimentellen Systemen SMART und FAKYR – mächtige Modelle und Verfahren zur Verbesserung der Retrieval-Ergebnisse integriert sind. Aufgrund ihrer Komplexität allerdings, sowohl hinsichtlich der notwendigen Rechnerleistung als auch ihrer Handhabung, sind derartige Systeme für den Einsatz an Büroarbeitsplätzen nicht geeignet. Hinzu kommen die bereits zu Beginn dieses Abschnitts diskutierten einschränkenden Aspekte.

Die wesentlichen Untersuchungsergebnisse sind abschließend in Abb. 3–19 nochmal übersichtsartig zusammengefaßt.

Kriterien	Traditionelle Retrieval-Systeme					Retrieval-Systeme für die Büroumgebung			
	SMART	STAIRS	FAKYR	LEXIS	DIALOG	FINDIT	ALL-IN-1	µDOSS	LARS
Retrieval-verfahren	volltext Cluster	volltext invertiert	volltext Key/Clust.	volltext invertiert	volltext invertiert	Key invertiert	Key invertiert	volltext invertiert	Key invertiert
Interaktionsform	natürlich-sprachlich	Kommando	Kommando	Kommando	Kommando	direkt (Maus)	Menü	Menü/ Kommando	Menü/ Kommando
Anfrage-Modi	frei-Text	Keyword	Keyword/ frei-Text	Keyword	Keyword	1.Keyword 2.Formular	Formular	Keyword	1.Keyword 2.Formular
Visualisierungs-hilfen	keine	keine	keine	keine	keine	umfang-reich	wenig	wenig	wenig
Erinnerungshilfen	keine	keine	keine	keine	keine	einige	keine	keine	keine
Navigationshilfen (Reformulierung der Anfrage)	ja (Relev.-Feedback)	nein	ja (Relev.-Feedback)	nein	nein	nein	nein	nein	nein
Logische Operatoren	explizit	explizit	implizit/ explizit	explizit	explizit	implizit	implizit	implizit	implizit/ explizit
Wild-Cards	ja	ja	ja	ja	ja	ja	ja	ja	ja
Term-Gewichtung	ja	ja	ja	ja	ja	nein	nein	bedingt	nein
Phonetische Suche	nein	nein	ja	nein	nein	nein	nein	nein	ja
Synonym-Behandlung	bedingt (Ähnlich-keiten)	ja	ja	nein	nein	nein	nein	nein	nein
Autom. Fehler-korrektur	nein	nein	nein	nein	nein	nein	nein	nein	nein
Datum als implizites Suchkriter.	nein	nein	nein	nein	nein	nein	nein	nein	nein
Orientierung an Büroaufgaben	nein	nein	nein	nein	nein	nein	schwach	schwach	schwach
Benutzer-orientierung	nein	nein	mäßig	nein	nein	stark	mäßig	mäßig	mäßig

Abb. 3–19: Zusammenfassung der Analyseergebnisse

Zusammenfassend kann festgestellt werden, daß die für den Bürobereich konzipierten Retrievalsysteme (Abschnitt 3.3) zwar ein weitaus höheres Maß an Benutzerorientierung aufweisen als dies bei den klassischen Retrievalsystemen (Abschnitt 3.2) der Fall ist; herauszustellen ist jedoch, daß bei keinem System eine wirkliche Orientierung an Büroaufgaben vollzogen ist.

Für das zu konzipierende System ergeben sich damit unter den beiden Kernaspekten Mensch (Benutzer) und Problembereich (Büro) konsequenterweise folgende Anforderungen:

1) **Orientierung an Büroaufgaben (Problembereich)**

   Die im Abschnitt 2.5 ausführlich behandelte Problematik des Arbeitsbereichs Büro, impliziert im wesentlichen folgende Anforderungen an die Konzeption eines neuen Systems:

   - Berücksichtigung der Arbeitsweisen und -inhalte an Büroarbeitsplätzen.
   - Berücksichtigung des Arbeitsumfeldes.
   - Unterstützung der vorgangsorientierten Vorgehensweise im Büro.
   - Modellierung kognitiv adäquater Repräsentation von Aufgaben

2) **Orientierung am Benutzer**

   Hierunter fallen die in den Abschnitten 2.1 bis 2.3 diskutierten Aspekte. Die Kernpunkte lassen sich wie folgt zusammenfassen:

   - Berücksichtigung mentaler Modelle.
   - Unterstützung des menschlichen informationsverarbeitenden Systems.
   - Abbildung von adäquaten Retrieval-Heuristiken.
   - Konzeption einer adäquaten Benutzungsoberfläche für eine stereotype Benutzerklasse.

Das definierte Ziel im Rahmen der hier vorgeschlagenen Vorgehensweise ist die Integration dieser Aspekte in einem funktionalen Modell mit der Absicht, ein büroorientiertes Dokumenten-Retrievalsystem als kognitiv adäquates Werkzeug zu konzipieren.

4. Konzept eines büroorientierten Dokumenten-Retrievalsystems

> The user is one of the critical components determining whether the system as a whole – the human- computer system – works or not.
>
> (T.P. Moran, 1981)

Informationssysteme werden bisher auf der Basis prozeduraler Problembeschreibungen definiert und entworfen. Diese Vorgehensweise ist zwar unter Software-Engineering-Aspekten sinnvoll, führt aber zwangsläufig zu den Problemen, wie sie in den Abschnitten 2.2, 2.5 und 3.4 bereits dargestellt wurden. Diese Probleme zu mildern oder gar zu beseitigen ist primäres Anliegen dieses Buches. Der hier verfolgte Ansatz orientiert sich daher vor allem an den Belangen der Benutzer dieser Systeme und berücksichtigt verstärkt den eigentlichen Problemlösungsprozeß im Kontext seines Umfeldes. Unter Hinweis dieser Problematik bemerkt Weyer (Weyer 82, S. 35):

> „For these systems to be regarded as information "services„, however, we must ask the important question of how well they serve the individual. In other words, how well does the form of presentation (e.g. Boolean expressions, free-text patterns, or hierarchical selection) mesh with a person's searching style? The answers (or lack of answers) to this question will influence the design of information systems in the coming years."

4.1 Lösungsidee und System-Modell

Das im folgenden beschriebene Konzept eines büroorientierten Dokumenten-Retrievalsystems basiert im Kern auf dem kognitiven Ansatz (siehe Abschnitt 3.1.4). Dieser Ansatz bedingt die zuvor geforderte starke Orientierung am Benutzer und am Problembereich. Die Konzipierung der systemnahen Retrievalkomponente greift hingegen zurück auf bekannte Verfahren des „coordinate indexing" des datentechnologischen Ansatzes (siehe Abschnitt 3.1.1).

Die zentrale Lösungsidee basiert dabei zunächst auf drei verschiedenen Modellen menschlicher Suchstrategien:

(1) **wiedererkennendes Suchen** (Retrieval by Location),
(2) **beschreibendes Suchen** (Retrieval by Content) und
(3) **konzeptuelles Suchen** (Retrieval by Concept).

Während Ansätze der ersten beiden Modellvarianten derzeit Eingang in aktuelle Entwicklungen finden (Rabitti 85, S. 233), stellt die Idee des konzeptuellen Suchens, in Verbindung mit einer starken Orientierung am Problembereich, einen neuen Ansatz dar. Bemerkenswert ist dabei, daß bereits 1958 von Bernier und Crane (Crane 58) auf die Bedeutung von Teilaspekten, die in dieser Strategie enthalten sind, hingewiesen wird (Vickery 71, S. 12).

1) Wiedererkennendes Suchen (Retrieval by Location)

Bei dieser Art des Suchens macht der Mensch vor allem Gebrauch von seiner ausgeprägten Fähigkeit des Wiedererkennens. So ist es beispielsweise für einen Menschen wesentlich einfacher aus einer Liste einen Namen oder Dokumententitel wiederzuerkennen, als sich aktiv daran zu erinnern. Bei traditionellen Dokumenten-Retrievalsystemen spielt dieser Aspekt nur eine untergeordnete Rolle. Denn im Gegensatz zu büroorientierten Systemen, bei denen der Benutzer seine Dokumente persönlich verwaltet (also auch in etwa weiß, was er wann in das System eingegeben hat), wird in traditionellen Retrievalsystemen die Dokumentenablage, die Recherche und die Dokumentennachfrage von drei verschiedenen Personenkreisen vorgenommen.

Forderung 1: Im System sind Methoden zu integrieren, die es dem Benutzer ermöglichen, aus verschiedenen Listen (Deskriptorliste, Titelliste und dergleichen) gezielt Dokumente zu selektieren. Hierfür sind geeignete Browsing- und Selektions-Funktionen bereitzustellen.

2) Beschreibendes Suchen (Retrieval by Content)

Häufig tritt bei der Informationssuche die Situation ein, daß der Suchende das gewünschte Zielobjekt nicht mehr explizit beschreiben kann (beispielsweise mit dem Dokumententitel). In diesem Fall ist er wahrscheinlich in der Lage, das Zielobjekt inhaltlich, in Form von Deskriptoren oder anderen Ablagekriterien (Datum, Dokumententyp und dergleichen), zu beschreiben. Diese Methode ist umso effektiver, je näher solche Ablagekriterien am Problembereich des Benutzers orientiert sind.

Forderung 2: Der Benutzer muß die Möglichkeit haben, Dokumente in Form von Deskriptoren und an seinem Problembereich orientierten Ablagekriterien inhaltlich zu beschreiben und zu selektieren. Hierfür sind ebenfalls geeignete Browsing- und Selektions-Funktionen bereitzustellen.

3) Konzeptuelles Suchen (Retrieval by Concept)

Wie im Abschnitt 2.5 bereits erläutert, handelt es sich bei der Zielgruppe des zu konzipierenden Systems um Fach- und Führungskräfte im Bürobereich. Im Rahmen ihrer überwiegend problem- und entscheidungsorientierten Tätigkeiten – verbunden mit kreativen Prozessen – haben sie jedoch vielfach nur vage Vorstellungen und Ideen (Konzepte), welche Informationen ihnen bei der Problemlösung helfen könnten, beziehungsweise nach welchen Informationen sie suchen sollen. Bei der dieser Methode zugrundeliegenden Strategie wird angenommen, daß der Benutzer seine einleitende Frage „in die richtige Richtung" formuliert und damit zumindest Teilaspekte des Zielobjekts auffindet, anhand deren er seine Anfrage wiederum verfeinert (retrieval by instantiation (Kolonder 80), (Tou 82), (Williams 82)). Der Benutzer ist damit in der Lage, mittels Reformulierung der Anfrage iterativ einen Teilbereich des Informationsbestandes zu sichten (Navigation), um so sukzessiv Teillösungen des Zielobjekts zu sammeln, die in ihrer Kombination eine Lösung darstellen. Zur Unterstützung dieses Prozesses sind gute Browsing-Funktionen notwendig, denn Browsing ist in diesem Zusammenhang mehr als blättern in Dokumenten, es spielt eine zentrale Rolle beim Navigieren und Sichten von Dokumenten im Verlauf dessen der Benutzer die Anfrage-Konditionen modifizieren kann (siehe auch Abschnitt 2.5.2).

Forderung 3: Um derartige Suchstrategien zu unterstützen, muß das System über folgende Eigenschaften verfügen:

- Die Konstruktion einer Anfrage muß interaktiv möglich sein.
- Anfrageergebnisse (Teilbeschreibungen des Zielobjekts) müssen dem Benutzer direkt präsentiert werden.
- Es muß möglich sein, Anfrageergebnisse einer direkten, interaktiven Bewertung/Kritik zu unterziehen (Reformulierung).
- Es sind adäquate interaktive Navigations- und Browsing-Funktionen vorzusehen, die den Informations-Extraktionsprozeß unterstützen und dem Benutzer die Möglichkeit bieten, sich „im System zu bewegen".

Auf der Basis dieser Strategie-Konzepte läßt sich ein System-Modell definieren, das unter Berücksichtigung der elementaren System-Funktionen zunächst eine logische Sicht vermittelt (siehe Abb. 4–1).

Das Konzept läßt sich in Form eines Schichten-Modells mit drei Haupt-Ebenen beschreiben:

(1) **die Benutzungsoberfläche,**

(2) **die Kern-Retrieval-Komponente** und

(3) **die systemnahe Retrieval-Komponente.**

1) **Benutzungsoberfläche**

Es ist unschwer zu erkennen, daß das Modell entscheidend von Aspekten der Benutzerorientierung geprägt ist. Die Benutzungsoberfläche nimmt dabei eine zentrale Stelle ein, die weit über die ihr in traditionellen Ansätzen zugebilligte Bedeutung hinausgeht. Neben der Abwicklung des Kommando-Dialogs stellt sie dem Benutzer komfortable Browsing- und Navigations-Funktionen zur Verfügung, die das Sichten des Dokumentenbestandes nach unterschiedlichsten Kriterien (die noch zu definieren sind) ermöglichen. Die Darstellung der Benutzungsoberfläche – und hier speziell die der Browsing- und Navigations-Funktionen – erfolgt also lediglich

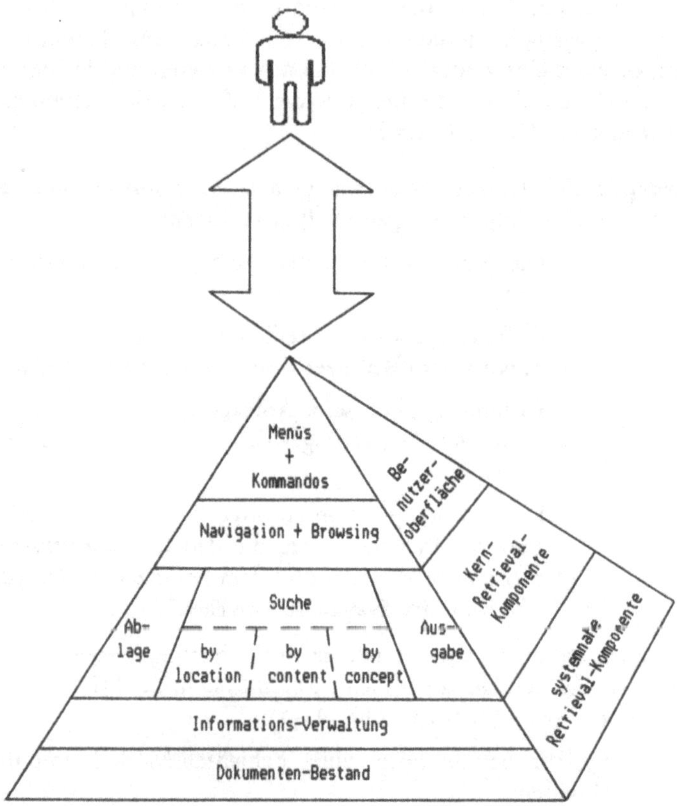

Abb. 4–1: Das System-Modell

aus systemlogischer Sicht an der Spitze der Modell-Pyramide, funktional greift sie praktisch durch bis auf die unterste Modell-Ebene.

2) **Kern-Retrieval-Komponente**

Die zentrale Retrieval-Komponente wird in der mittleren Modell-Ebene abgebildet. Hier erfolgt die funktionale Beschreibung des Systems mit den Hauptfunktionen: Ablage (Erfassen und Ändern), Suche (Recherche) und Ausgabe und Wiedervorlage, sowie ihrer untergeordneten Funktionen. Wie schon zuvor erläutert, wird die Funktionalität entscheidend durch die zu integrierenden Retrieval-Strategien beeinflußt. Die in diesem Zusammenhang abgeleiteten Forderungen 1, 2 und 3 definieren hierzu einen groben Rahmen, der im folgenden näher zu spezifizieren ist.

3) **Systemnahe Retrieval-Komponente**

Die modellmäßige Darstellung der Basis-Retrieval-Komponente mit ihren Daten- und Referenzstrukturen erfolgt auf der untersten Modell-Ebene. Während die beiden oberen Schichten den kognitiven Ansatz beinhalten, repräsentiert die unterste Schicht den datentechnologischen Ansatz.

4.2 Modell der Benutzungsoberfläche

Wie im Verlauf dieses Buches mehrfach betont, wirken sich Benutzer- und Systemcharakteristiken in vielfältiger Weise auf die Gestaltung der Benutzungsoberfläche aus. Das hat zur Folge, daß es prinzipiell nicht möglich ist, eine isolierte Betrachtungsweise der Mensch-Computer-Schnittstelle vorzunehmen, ohne detailliert auf die eigentliche Anwendung einzugehen; wie dies auch im Rahmen der Modellbeschreibung (Abschnitt 4.1) unter Hinweis auf die systemübergreifenden Eigenschaften der Benutzungsoberfläche betont wird. Dennoch lassen sich an dieser Stelle bereits Kriterien formulieren, die, trotz ihrer mehr allgemeinen Bedeutung, wesentlichen Einfluß auf die Gestaltung der Benutzungsoberfläche haben:

(1) **Benutzer-Modell-Nähe**

Die Präsentation von Informationen auf dem Bildschirm sowie das Systemverhalten (Reaktionen) sollten soweit wie möglich dem mentalen Modell des Benutzers entsprechen (Reitman 85, S. 142). Hierzu ist unter anderem eine adäquate Interpretation menschlicher Retrieval- und Navigations-Heuristiken erforderlich, sowie deren Abbildung auf das System-Modell. Diese Aspekte prägen maßgeblich das Konzept der Kern-Retrieval-Komponente und ihrer zugrundeliegenden Strategien. Ihre Behandlung erfolgt in Abschnitt 4.3.

(2) Gedächtnis-Belastung

Die Beanspruchung des Kurz- und Langzeitgedächtnisses sollte auf ein Minimum reduziert werden. Neben der weitgehenden Befreiung von Anforderungen syntaktischer Art (Kommandos/ Menüs) sollte das System über Verfahren verfügen, die anstelle des aktiven Erinnerns verstärkt die menschliche Fähigkeit des Wiedererkennens nutzen.

Hierzu wird das System voll menügesteuert und fensterorientiert konzipiert. Dies bewirkt die kontextabhängige, funktionale und visuelle Bereitstellung der System-Kommandos in Form direktmanipulierbarer Menü-Fenster (direkte Auswahl mit Maus oder Funktions-Tasten). Die Verwendung von überlagernden Fenstern, sowohl für die Darstellung von Kommandos als auch ihre Benutzung im Rahmen der Retrieval-Funktionen (Präsentation der Dokumente und dergleichen) ermöglicht dem Benutzer eine leichtere Orientierung hinsichtlich der aktuellen Position in der Funktions/Menü-Hierachie.

(3) Status- und Handlungs-Kontrolle

Der Benutzer muß zu jedem Zeitpunkt darüber informiert sein, wo er sich im System befindet und was er gerade macht. Zu diesem Zweck werden ihm in Abhängigkeit des jeweiligen Systemzustandes folgende Informationen angezeigt:

- momentaner, aktueller Zustand (funktional),
- momentane Position in der Kommando-Hierarchie,
- Anzeige der möglichen weiteren Funktionen (Fortschritt),
- Anzeige der über die Abbruch-Taste zu erreichenden vorgelagerten Funktionen (Rückschritt/Abbruch).

(4) Verschiedene Sichten

Im Kontext einer Anwendung sollte es möglich sein, Informationen unter verschiedenen Aspekten zu sichten, ohne die Umgebung explizit verlassen zu müssen (Multiple Views (Goldstein 81, S. 33 ff)). Besondere Bedeutung erlangt dieser Aspekt im Rahmen der Konzipierung der Retrieval-Strategien (siehe Abschnitt 4.1) deren Realisierung maßgeblich von der Existenz geeigneter Browsing- und Navigations-Funktionen abhängt. Ihre Darstellung erfolgt ebenfalls in Abschnitt 4.3.

(5) Alternativer Zugriff (Diversität)

Die Erreichung eines bestimmten Ziels sollte mit unterschiedlichen Mitteln (Prozessen/Methoden) möglich sein. Dies trifft sowohl für die eigentliche Anwendung zu (Dokumentensuche mit verschiedenen Methoden/Strategien), als auch für die Interaktion auf Kommandoebene (Wahlweise Kommandos oder Menüauswahl).

(6) Änderbarkeit/Adaptierbarkeit

Im Rahmen eines bestimmten Anwendungsbereichs haben die Benutzer in der Regel ein anderes, problemadäquateres und damit besseres Vokabular als der/die Systementwickler. Für den Benutzer sollte es daher möglich sein, systemseitige Texte und Defaults zu verändern (beispielsweise die Bezeichnung von Funktionstasten, Einträge in Menüs und dergleichen).

(7) Rückgängig machen von Befehlen (Undo)

Unabhängig vom Systemzustand muß es für den Benutzer jederzeit möglich sein, bereits eingeleitete Aktionen wieder abzubrechen sowie ausgewählte Funktionen zu verlassen. Hierfür ist die Definition einer einheitlichen, in allen Ebenen gültigen, Abbruch-Funktion erforderlich.

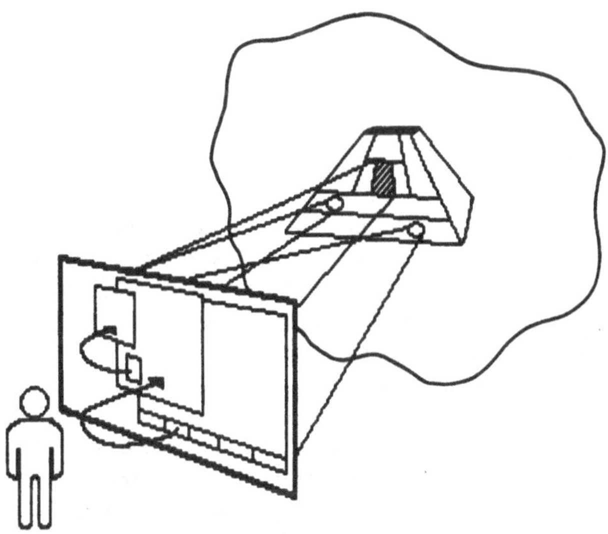

Abb. 4–2: Modell der Benutzungsoberfläche

(8) Abrufbare Hilfe-Texte

Zu jeder System-Funktion muß jederzeit ein kontextabhängiger Hilfe-Text abrufbar sein, der den Benutzer über Sinn und Handhabung der gewählten Funktion informiert. Hierfür ist ein einheitlicher Hilfe-Mechanismus zu definieren.

(9) Fehler-Behandlung

Bei fehlerhaften oder ungültigen Systemeingaben sind dem Benutzer gezielte, aussagekräftige Fehlerhinweise zu geben. Gegebenenfalls sollte der verfügbare Hilfe-Text automatisch erscheinen.

Teilaspekte einer derartigen Benutzungsoberfläche können durch das in Abb. 4–2 dargestellte Modell verdeutlicht werden.

4.3 Modell der Kern-Retrieval-Komponente

Gemäß der zugrundeliegenden Zielsetzung kommt bei dem hier verfolgten Ansatz den, durch den Problembereich geprägten, menschlichen Verhaltens- und Arbeitsweisen eine zentrale Bedeutung im Rahmen der Systemgestaltung zu. So determinieren, neben den eingangs erläuterten Retrieval-Strategien, die in den Abschnitten 2.5 und 3.5 definierten Anforderungen an ein büroorientiertes Dokumenten-Retrievalsystem in ganz entscheidender Weise die Systemcharakteristik auf der funktionalen Ebene.

4.3.1 Ablage und Informationserschließung

Zentrales Objekt in einem Dokumenten-Retrievalsystem ist das Dokument. Die Art und Weise wie dies inhaltlich erschlossen wird und nach welchen Kriterien es referenzierbar ist, definiert bereits den groben Rahmen für die Funktionalität des Gesamtsystems. Ausschlaggebend für die hier gewählte Form der Dokumentenerschließung sind zunächst die im Abschnitt 2.5.1 (Organisation der persönlichen Arbeitsumgebung) definierten Anforderungen an ein büroorientiertes System. Diese bestimmen damit weitgehend die in Abb. 4–3 dargestellte Struktur der Ablagekriterien. Die eigentliche inhaltliche Erschließung der Dokumente erfolgt zunächst – aufgrund der bereits in Abschnitt 1.2 formulierten Einschränkung in diesem Bereich – mittels manueller/intellektueller Indexierung nach der Methode des „coordinate indexing“, basierend auf präkoordinierten Deskriptoren. (In diesem Zusammenhang wird Indexieren so verstanden, daß auch nicht im Dokument-Text vorkommende Wörter zugeteilt werden können.)

Trotz der bekannten Problematik bei der manuellen Indexierung hinsichtlich mangelnder Terminologie-Kontrolle, wird diese Art der Indexierung als Verfahren zur inhaltlichen Erschließung von Dokumenten gewählt. Denn einerseits existiert für den komplexen Bereich Büro kein geeigneter Thesaurus der eine unabdingbare Voraussetzung für die automatische Indexierung darstellt (Schneider 85, S. 14). Andererseits bleiben heutige wörterbuchunabhängige Verfahren zur automatischen Indexierung „von vornherein unter der Qualität der intellektuellen Indexierung“ (Lustig 79, S. 364). So wurden denn auch Forschungsprojekte zur automatischen Indexierung und zum natürlichsprachlichen Retrieval von Bürodokumenten aufgrund enttäuschender Ergebnisse eingestellt (Schumann 86, S. 75). Eine tiefergehende Betrachtung zur Praxisrelevanz solcher Systeme findet sich beispielsweise in (Krause 83).

Für den Einsatz derartiger Systeme in der Praxis muß jedoch darauf hingewiesen werden, daß „manuelles Indexieren von Texten viel zu aufwendig ist und unter wirtschaftlichen Gesichtspunkten nicht vertreten werden kann“ (Schneider 85, S. 14). Zur Lösung dieses Problems ist allerdings der Aufbau von Wissensbasen für den äußerst komplexen Bereich des Büros unabdingbare Voraussetzung. Insbesondere das hierbei auftretende Problem des Wissenserwerbs (Wissensaquisition) ist bis heute weitgehend ungelöst. Aus diesem Grund konzentriert man sich daher heute mehr auf die Lösung von Teilproblemen in diesem Bereich, wie beispielsweise die automatische, wissensbasierte Klassifikation von Eingangspost im Büro (beispielsweise das System EPIKUR von TA Triumph-Adler (Kreplin 86)). Einen Überblick über den aktuellen Stand weiterer wissensbasierter Büroanwendungen findet man beispielsweise in (Balzert 85).

Vor diesem Hintergrund wird im folgenden ein „persönliches“ Büro-Dokumenten-Retrievalsystem konzipiert, wobei davon ausgegangen werden kann, daß der Umfang der Index-/Deskriptorliste bei einem derartigen System relativ begrenzt sein wird, zumal die Indexierung vom Benutzer selbst vorgenommen wird und demnach Koordinierungsprobleme zwischen Indexierer und Benutzer (Nachfrager) weitgehend entfallen. Shoval (Shoval 85, S. 477) bemerkt in diesem Zusammenhang, daß ohnehin das spezielle, benutzerspezifische Vokabular einen Problembereich am besten repräsentiert.

In diesem Zusammenhang läßt sich auch die Verwendung der präkoordinierten Indexierung im Gegensatz zur Postkoordination begründen. Ohne einen geeigneten Thesaurus ist die postkoordinierte Indexierung nur mit Hilfe von begriffsreduzierten Wörtern möglich, wie beispielsweise bei der Uniterm-Methode, bei der nur einfache Grundwörter (Wörter die sich sprachlich nicht mehr teilen lassen ohne ihren Sinn zu verlieren) zugelassen sind. Damit geht

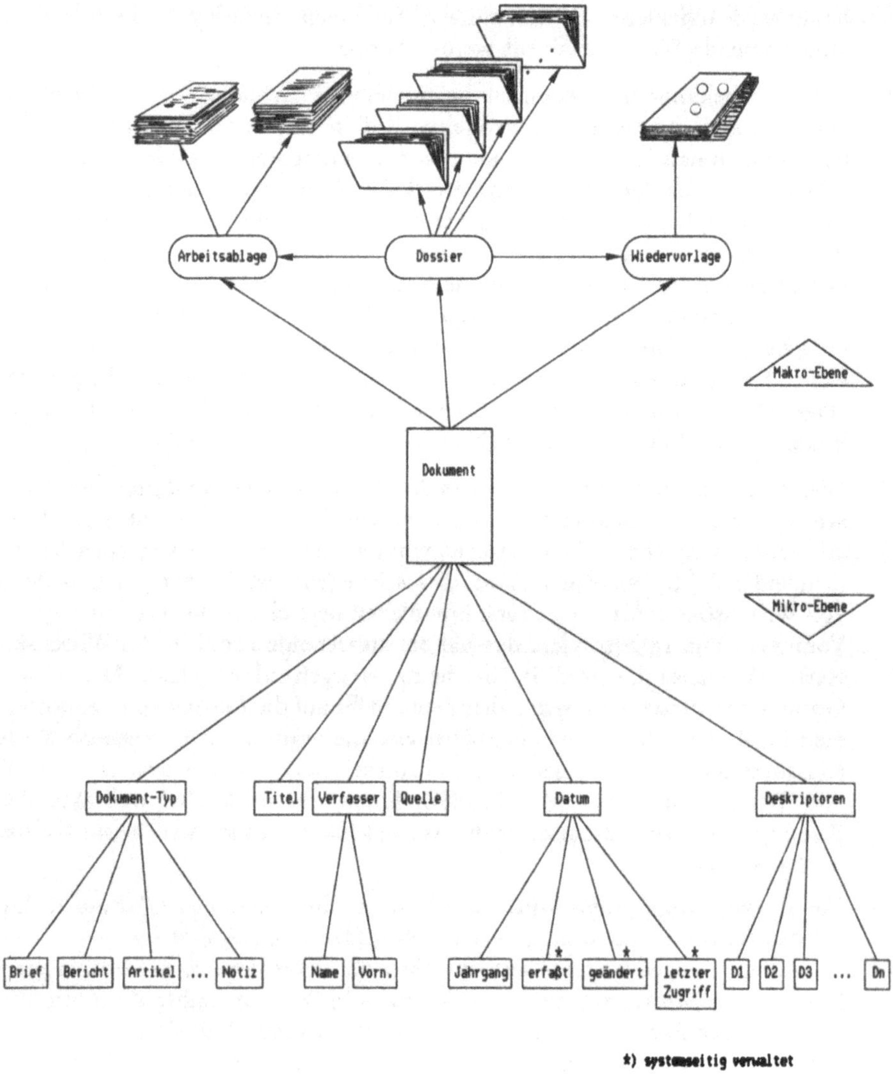

Abb. 4–3: Ablage-Kriterien für die Dokumentenerschließung

aber möglicherweise der Begriffsinhalt verloren, andererseits ist es unzweckmäßig, täglich vorkommende komplexe Begriffe jedesmal neu postkoordinieren zu müssen. Unter Berücksichtigung dieser und der weiter oben aufgeführten Aspekte scheint deshalb die Verwendung der präkoordinierten Methode in einem persönlichen Retrievalsystem als geeignet.

Neben der inhaltlichen Erschließung eines Dokuments auf der Basis von Deskriptoren wird ein Dokument anhand einer Reihe zusätzlicher Kriterien beschrieben (vergleiche Abb. 4 – 3), die dem Benutzer weitere tätigkeitsorientierte Ablage- und Suchmöglichkeiten eröffnen. Diese sind unter anderem darauf ausgerichtet, die menschliche Erinnerungsfähigkeit zu unterstützen.

Ausgehend vom Dokument als zentrales Objekt, definieren diese Kriterien eine Abstraktions-Hierachie, die die gleichzeitige, redundanzfreie Abbildung eines Dokuments in einer dem Dokument untergeordneten Mikro-Ebene und einer dem Dokument übergeordneten Makro-Ebene ermöglicht. Die Mikro-Ebene spezifiziert das einzelne Dokument, wohingegen die Makro-Ebene die optionale Zuordnung kontextbezogener Dokumenten-Kollektionen definiert. Bezogen auf die jeweilige Abstraktions-Ebene lassen sich die einzelnen Kriterien wie folgt interpretieren:

Die Mikro-Ebene

- **Dokumenttyp**
  Der vom Benutzer frei zu vergebende Dokumenttyp ordnet ein Dokument in eine grobe Kategorie ein. Unter einer gemeinsamen Kategorie abgelegte Dokumente weisen in der Regel ähnliche interne Strukturen auf (beispielsweise Briefe, interne Berichte, Zeitungs- oder Fachartikel und dergleichen).
- **Quelle**
  Bezeichnet die Quelle eines Dokumentes. Dies ist insbesondere dann von Bedeutung, wenn es sich um Referenztexte handelt. Also Artikel aus Zeitschriften oder Büchern, oder Auszügen aus Berichten und dergleichen.
- **Titel**
  Die namentliche Bezeichnung des Dokuments (beispielsweise Überschrift, Titel, Betreff).
- **Verfasser**
  Name und Vorname des Verfassers/Autors/Absenders des Dokuments. Name und Vorname sind getrennt referenzierbar.
- **Datum**
  - o **Jahrgang**, entspricht dem Erstellungs- beziehungsweise dem Erscheinungs-Datum eines Dokuments, es wird benutzerseitig angegeben.

  Die folgenden Kriterien ermöglichen dem Benutzer das chronologische Sichten des Dokumentenbestandes unter verschiedenen Aspekten. Diese Angaben werden automatisch (systemseitig) erzeugt, da ihre manuelle Verwaltung mit großer Wahrscheinlichkeit bald zu inkonsistenten Daten führen würde:

  - o **erfaßt**, bezeichnet das Datum der Dokumentenaufnahme in das System,

  - o **geändert**, protokolliert das Datum der letzten Änderung in einem Dokument, beziehungsweise der entsprechenden Ablagekriterien,
  - o **letzter Zugriff**, protokolliert das Datum des letzten Zugriffs auf das Dokument. Also den Zeitpunkt, zu dem es im Rahmen einer Anfrage am Bildschirm zum letzten Mal angezeigt wurde.

- **Deskriptoren**
  Bedeutungstragende Worte, die entweder aus dem Dokumententext selektiert, oder frei definiert werden können. Über Deskriptoren erfolgt die inhaltliche Dokumentenerschließung.

Die Makro-Ebene

- **Arbeitsablage**
  Die Arbeitsablage ermöglicht dem Benutzer die im Zusammenhang mit laufenden/aktuellen Arbeiten anfallenden Dokumente oder Dossiers kontextbezogen im System abzulegen. So bleiben dem Benutzer bei der Wiederaufnahme der Arbeit zeitraubende Aktivitäten erspart, die andernfalls für die erneute Bereitstellung dieser Dokumente notwendig wären.
- **Dossier**
  Ein Dossier (in Anlehnung an (Tsichritzis 82)) bezeichnet eine Sammlung unterschiedlicher Dokumente, die inhaltlich einen gemeinsamen Bezugspunkt haben (beispielsweise Unterlagen zu einem Projekt, einem Kunden oder einer bestimmten Problemstellung). Im Prinzip entspricht ein Dossier der Struktur der Arbeitsablage bis auf den Unterschied, daß ein Dossier Bestandteil einer Arbeitsablage sein kann, nicht jedoch umgekehrt.
- **Wiedervorlage**
  Hiermit hat der Benutzer die Möglichkeit, ausgesuchte Dokumente oder Dossiers einer automatischen Wiedervorlage zuzuführen, wobei er zwischen folgenden Alternativen wählen kann:
  - o **Ereignis**, spezifiziert ein vom Benutzer frei zu definierendes Ereignis, bei dessen Eintreten die so markierten Dokumente in die aktuelle Wiedervorlage-Liste aufgenommen werden. Das Eintreten eines Ereignisses wird dem System über eine vom Benutzer zu verwaltende Ereignis-Liste mitgeteilt.
  - o **Datum**, definiert ein Datum, an dem die entsprechenden Dokumente automatisch in die aktuelle Wiedervorlage-Liste aufgenommen werden.
  - o **Priorität**, spezifiziert eine zyklische Wiedervorlage mit der wahlweisen Frequenz: täglich, wöchentlich oder monatlich.

Auf der Grundlage dieser Repräsentationsstruktur wird in den folgenden Abschnitten die Funktionalität der Ablagekomponente mit den Hauptfunktio-

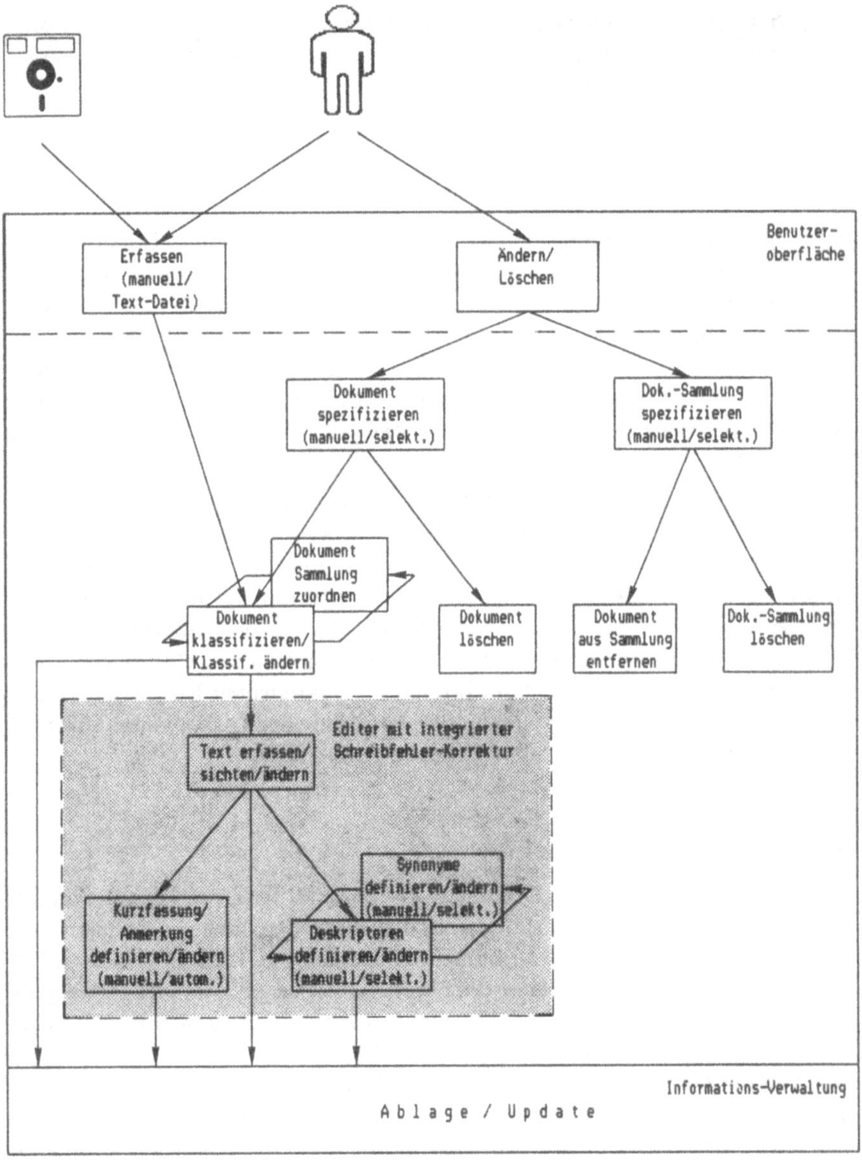

Abb. 4–4: Die Funktionen der Ablage-Komponente

nen Erfassen, Ändern und Löschen definiert (siehe Abb. 4–4). Die Darstellung der Funktionen und ihrer Relationen erfolgt in der Abb. 4–4 aus Gründen der besseren Lesbarkeit lediglich in der Vorwärtsrichtung. Hier sei aber nochmals darauf hingewiesen, daß, entsprechend der im Abschnitt 4.2 Punkt (7) aufgestellten Forderung, von jeder Funktion die Möglichkeit der Rückkehr zu vorgelagerten oder alternativen Funktionen möglich ist.

4.3.1.1 Erfassen und Klassifizieren

Die Dokumenten-Erfassung ist eine der kritischen Operationen bei der Nutzung von Dokumenten-Retrievalsystemen. Denn die Abbildung der Dokumente auf die interne Repräsentation erfolgt auf der Basis manuell/intellektuell vorgenommener Bewertungen seitens der Benutzer; und Kriterien, die zum Zeitpunkt der Erfassung nicht berücksichtigt oder nicht erkannt werden, sind zum Zweck der späteren direkten Referenzierung bedeutungslos. Deshalb müssen Mechanismen bereitgestellt werden, die diesen Prozeß systemseitig unterstützen und erleichtern.

Die Erfassung der Dokumente erfolgt entweder direkt über die Tastatur oder indirekt in Form von Text-Dateien, die mit Hilfe der Textverarbeitung erstellt wurden. Zu diesem Zweck verfügt das System über einen integrierten Text-Editor, der als Subfunktion ein Modul zur **halbautomatischen Schreibfehler-Korrektur** enthält. Damit besteht die Möglichkeit, Texte „fehlerfrei" in das System einzugeben, was insbesondere bei der Definition von Deskriptoren von Bedeutung ist. Denn wie von traditionellen Dokumenten-Retrievalsystemen bekannt, ist ein nicht unerheblicher Teil der abgelegten Dokumente, aufgrund fehlerbehafteter Deskriptoren, nicht mehr referenzierbar.

(1) Klassifizieren

Bevor jedoch der eigentliche Dokumententext erfaßt wird muß das Dokument zunächst spezifiziert (benannt) und klassifiziert werden. Innerhalb dieser Phase kann ein Dokument einer Dokumentensammlung (Dossier, Arbeitsablage und/oder Wiedervorlage) zugeordnet werden (siehe Abb. 4–4). Die eigentliche Klassifizierung geschieht – mit Ausnahme der Deskriptoren (siehe nächsten Abschnitt) – nach den in Abb. 4–3 definierten Ablage-Kriterien. Zu diesem Zweck erscheint ein entsprechendes Klassifizierungs-Formular (Fenster), in das der Benutzer die entsprechenden Angaben einträgt. Zur leichteren Orientierung und zur Definition von Querbezügen zu anderen Dokumenten, beziehungsweise zu Dokumentensammlungen, sind die Verzeichnisse zu den Kriterien: **Dokumenttyp**, **Titel** und **Quelle** sowie zu den Dokumentensammlungen: **Dossier**, **Arbeitsablage** und **Wiedervorlage** gezielt über gesonderte **Referenz-Fenster** abrufbar (siehe Abb. 4–5). Erfolgt die Aufnahme eines Dokuments in die Wiedervorlage, erscheint je nach Kriterium (Datum, Priorität oder Ereignis) ein entsprechendes Referenz-Fenster, in das

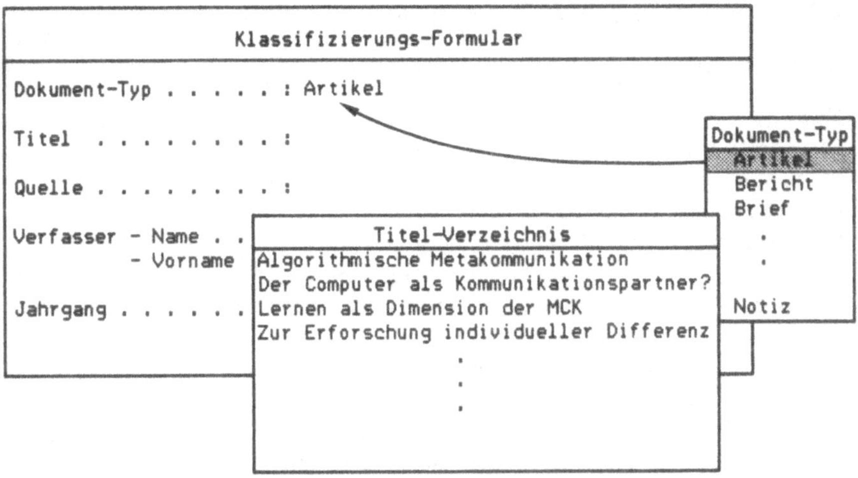

Abb. 4–5: Das Klassifizierungs-Formular mit Referenzverzeichnissen

die Wiedervorlage-Kondition eingetragen wird. Dies geschieht wahlweise durch Eingabe eines konkreten Datums, durch Selektion eines geeigneten Wiedervorlage-Intervalls (Priorität) mit den möglichen Zeitabschnitten täglich, wöchentlich und monaltlich oder ereignisgesteuert, indem das zu definierende Ereignis in Form eines Textes (maximal 30 Zeichen) in die Ereignisliste eingetragen beziehungsweise ein zutreffendes, bereits enthaltenes Ereignis, selektiert wird.

(2) Erfassen

Der Text kann nun eingegeben werden. Hierzu erfolgt die automatische Aktivierung des bildschirmorientierten Text-Editors in einem speziellen Editor-Fenster. Dieser dient bei der Erfassung mittels einer Text-Datei zur portionsweisen Anzeige des eingelesenen Textes und zu dessen eventuellen Änderung. Im Verlauf der Eingabe, oder im Anschluß daran, besteht die Möglichkeit, den geschriebenen Text der Schreibfehlerkorrektur-Funktion zu übergeben. Diese überprüft den Text in einer ersten Phase auf orthographische Fehler und präsentiert in einer zweiten Phase dem Benutzer die erzeugte Fehlerliste mit entsprechenden Korrekturvorschlägen (Mundt 85). Im Rahmen eines interaktiven Dialogs ist somit eine schrittweise, halbautomatische Fehlerkorrektur des Eingabetextes möglich. Dies gilt analog für die Eingabe der Deskriptoren, der Synonyme und der Kurzfassung.

4.3.1.2 Indexieren und Synonymen-Behandlung

(1) Indexieren

Wie eingangs bereits erläutert, werden die Dokumente bei ihrer Eingabe in das System manuell mittels Deskriptoren inhaltlich erschlossen. Dies ist während oder nach der Texterfassung möglich. Hierzu selektiert der Benutzer entweder charakteristische Begriffe (Deskriptoren oder Keywords) aus dem Dokumententext (durch Zeigen mit der Maus), oder gibt diese über die Tastatur ein, wenn gewünschte Worte im Text nicht explizit enthalten sind. Die so definierten Deskriptoren werden automatisch in die den Text referenzierende Deskriptorliste aufgenommen und erscheinen zur visuellen Kontrolle in einem separaten Deskriptor-Fenster. Deskriptoren, die aus dem Dokumententext selektiert werden, erscheinen im Text unmittelbar mit doppelter Helligkeit (visueller Feedback). Aus Gründen der Terminologie-Kontrolle hat der Benutzer zu jeder Zeit die Möglichkeit, über ein Referenz-Fenster alle im System enthaltenen Deskriptoren zu sichten.

(2) Synonymen-Behandlung

Wenn ein Deskriptor erstmalig im System auftaucht, kann der Benutzer es in Beziehung zu anderen Deskriptoren, beziehungsweise zu Synonym-Begriffen setzen. Hierzu erscheint ein entsprechendes Fenster am Bildschirm, im Rahmen dessen der Benutzer synonyme Begriffe interaktiv definieren kann. Hierbei hat er die Möglichkeit bereits definierte Synonym-Begriffe in einem Referenz-Fenster zu sichten. Diese Synonym-Begriffe dienen bei der späteren Suche zur Verfeinerung/Präzisierung von Anfragen.

4.3.1.3 Kurzfassung / Anmerkungen

Nachdem die Erfassung eines Dokuments abgeschlossen ist, hat der Benutzer die Möglichkeit, eine Kurzfassung des Textes zu definieren, beziehungsweise Anmerkungen zum Dokument-Inhalt anzugeben. Dies ist immer dann sinnvoll, wenn der ursprüngliche Text sehr umfangreich ist (Kurzfassung), oder im Kontext der Anwendung das Hinzufügen von „Randbemerkungen" an ein Dokument angebracht oder notwendig erscheint. Die Definition einer Kurzfassung kann entweder manuell – im Sinne einer Zusammenfassung – geschehen, oder automatisch, indem der Anfang eines Dokuments (eine Bildschirmseite) automatisch als Kurzfassung abgelegt wird.

4.3.1.4 Ändern und Löschen

Mit Hilfe dieser Teil-Komponente ist es möglich, Dokumente zu ändern und zu löschen, Dokumente aus Dokumentensammlungen (Dossier, Arbeitsablage und Wiedervorlage) zu entfernen und Dokumentensammlungen selbst zu löschen (Dossier und Arbeitsablage). Letzteres allerdings nur unter der Voraussetzung, daß zuvor alle in einer zu löschenden Sammlung enthaltenen Dokumente explizit daraus entfernt werden.

(1) Ändern und Löschen von Dokumenten

Inhalte von Dokumenten und/oder Kurzfassungen, sowie die ein Dokument klassifizierenden Kriterien und Deskriptoren, sind jederzeit änderbar und können ganz oder teilweise gelöscht werden. Die Spezifizierung des zu ändernden oder zu löschenden Dokuments erfolgt entweder durch dessen explizite, namentliche Benennung, oder durch Selektion des Titels aus dem Dokumenten-Verzeichnis mittels Zeigeinstrument (Maus). Der Funktionsumfang dieser Teilkomponente entspricht ansonsten der Funktionalität der Teilkomponente „Erfassen" mit ihren zuvor dargestellten Möglichkeiten. Zum Zweck des Editierens (Ändern) von Dokumenten wird der im Rahmen der Teilkomponente „Erfassen" erläuterte Text-Editor (inklusive der Schreibfehlerkorrektur-Funktion) aktiviert.

(2) Ändern und Löschen von Dokumentensammlungen

Analog zur Änderung von Dokumenten wird eine zu ändernde oder zu löschende Dokumentensammlung anhand ihrer namentlichen Bezeichnung identifiziert, indem die gewünschte Sammlung entweder aus dem entsprechenden Sammlungsverzeichnis (über das Verzeichnis-Fenster eingeblendet) selektiert oder manuell über die Tastatur eingegeben wird. Dokumente können nun gezielt daraus entfernt werden; das heißt, lediglich die Referenzen zu diesen Dokumenten werden gelöscht, nicht das eigentliche Dokument. Soll eine ganze Sammlung gelöscht werden (Dossier oder Arbeitsablage), ist das nur unter vorheriger Entfernung aller in ihr enthaltenen Dokumente möglich. Hierzu kann der Benutzer entsprechende Operationen über ein Operator-Fenster abrufen.

Innerhalb der Gesamtkomponente „Ablage" ist insbesondere die Datenintegrität hinsichtlich der vom System verwalteten Referenzen zu gewährleisten. Hiervon sind vor allem die Deskriptoren sowie die Referenzen zur Makro-Ebene (Arbeitsablage, Dossier und Wiedervorlage) betroffen. Wird beispielsweise im Rahmen einer Textänderung ein Deskriptor verändert oder gelöscht, so ist dieser, unter Berücksichtigung aller betroffenen Referenzen, unmittelbar aus der aktuellen Deskriptorliste zu entfernen.

4.3.2 Suche / Recherche

Die Funktionalität der Such-/Recherchekomponente wird maßgeblich sowohl durch die Kriterien zur Klassifizierung und inhaltlichen Erschließung von Dokumenten bestimmt (Abschnitt 4.3.1), sowie durch die in Abschnitt 4.1

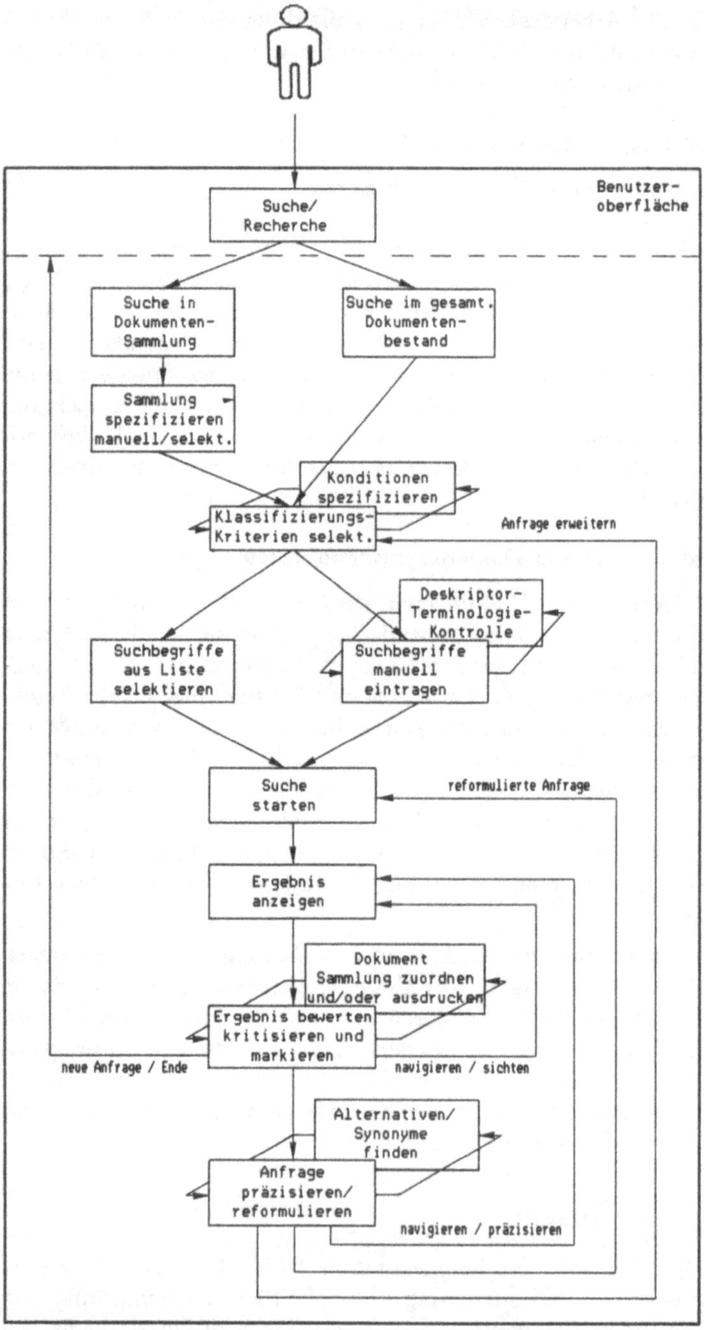

Abb. 4–6: Die Funktionalität der Such-/Recherchekomponente

definierten Suchstrategien: **wiedererkennendes Suchen, beschreibendes Suchen** und **konzeptuelles Suchen.** Im Rahmen der Modellierung dieser Komponente ist es von entscheidender Bedeutung, daß – insbesondere unter dem Aspekt der Benutzerorientierung – die unterschiedlichen Suchstrategien in einem Gesamtmodell integriert sind und jederzeit ein Wechsel zwischen den Strategien, beziehungsweise eine Kombination der Strategien möglich ist. Unter dieser Prämisse läßt sich das in Abb. 4–6 dargestellte Modell der Such-/Recherchekomponente definieren (vergleiche auch Abb. 2–13).

4.3.2.1 Wiedererkennendes Suchen

Die Strategie des wiedererkennenden Suchens basiert auf dem Phänomen der ausgeprägten menschlichen Fähigkeit, einmal gesehene Objekte (Dinge, Begriffe, ...) leichter wiederzuerkennen als sich aktiv daran zu erinnern (siehe hierzu Abschnitt 2.1). Zu diesem Zweck ist das System mit einem Browsing-Mechanismus ausgestattet, der es dem Benutzer in jeder Entscheidungssituation im Verlauf eines Anfrage-Zyklus ermöglicht, kontextbezogene Informationen am Bildschirm einzublenden, darin zu navigieren und Begriffe zu selektieren.

(1) Suchraum spezifizieren

Zu Beginn einer Anfrage erfolgt zunächst die Spezifizierung des relevanten Suchraums. Hierzu erscheint am Bildschirm ein Menüfenster, in dem der Benutzer wählen kann, ob die Suche im gesamten Dokumentenbestand oder in einer speziellen Dokumentensammlung (Arbeitsablage oder Dossier) erfolgen soll. Im Fall einer Dokumentensammlung erscheint ein weiteres Fenster, in dem alle im System enthaltenen Dokumentensammlungen namentlich verzeichnet sind. Durch Zeigen mit der Maus selektiert der Benutzer die gewünschte(n) Sammlung(en), was unmittelbar zu deren „Öffnung" und zur Anzeige eines Formular-Fensters führt, in dem alle möglichen Ablagekriterien zur Anzeige gelangen. Dieser Zustand ist identisch mit dem Anfangszustand „Suche im gesamten Dokumentenbestand", mit dem Unterschied, daß sich alle folgenden Aktionen modusabhängig entweder auf die spezifizierte Dokumentensammlung, oder auf den gesamten Dokumentenbestand beziehen.

(2) Suchkriterien definieren

Prinzipiell besteht nun in diesem Zustand die Möglichkeit, beliebige Klassifizierungsmerkmale (Dokumententyp, Titel, Verfasser, ...) zu selektieren (durch Positionierung des Cursors auf den entsprechenden Eintrag) und durch Eingabe geeigneter Suchbegriffe das oder die gewünschten Dokumente zu spezifizieren. Entscheidend für das Prinzip des wiedererkennenden Suchens ist jedoch

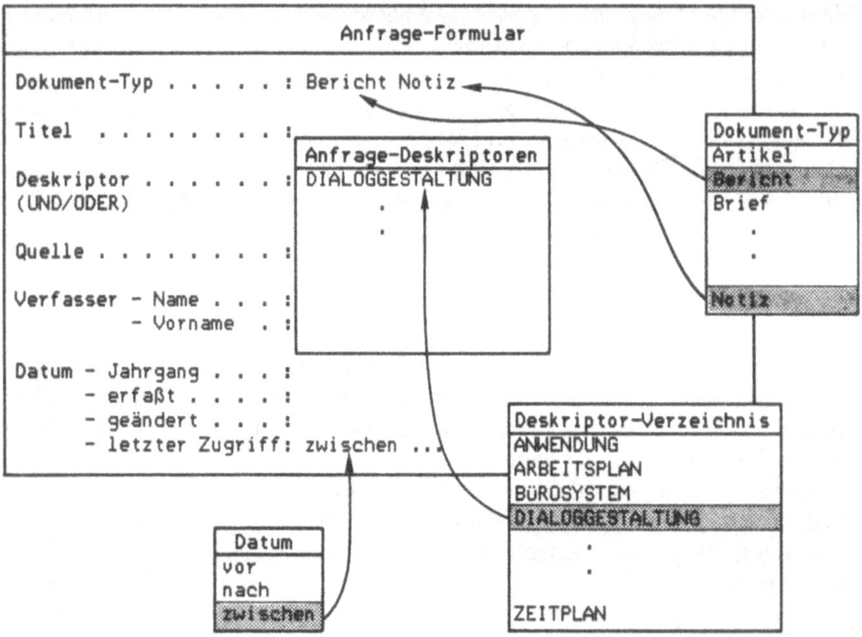

Abb. 4–7: Prinzip des formulargestützten Spezifizierungs-Dialogs

die Möglichkeit zu einem Klassifizierungsmerkmal alle vorhandenen Suchbegriffe, zum Zweck der gezielten Selektion (Wiedererkennen), visuell verfügbar zu machen. Hierzu ist ein weiteres Verzeichnis-Fenster am Bildschirm abrufbar, das dem Benutzer das Sichten aller mit einem Klassifizierungsmerkmal korrespondierenden Suchbegriffe erlaubt. Durch Selektion mit der Maus erfolgt dann die Übertragung ausgewählter Begriffe in das Formular-Fenster (siehe Abb. 4–7). Im einfachsten Fall wird ein Dokument bereits anhand des Titelverzeichnisses identifiziert, womit weitere zeitraubende Suchprozesse entfallen.

Bei einigen Klassifizierungs-Kriterien bedarf es der Spezifizierung einschränkender, erweiternder oder präzisierender Konditionen (siehe auch Abb. 4–7):

– **Dokumenttyp**
  Durch Angabe eines oder mehrerer Dokumenttypen ist es möglich, den Suchraum auf den definierten Dokumentenausschnitt zu begrenzen. Hierzu wird der Dokumenttyp entweder direkt in das Formular-Fenster eingetragen, oder durch Selektion aus dem eingeblendeten Typen-Verzeichnis-Fenster in das Formular-Fenster übertragen. Erfolgt hier keine oder eine leere Eingabe, wird dieses Kriterium nicht berücksichtigt. Die Verknüpfung

zwischen verschiedenen Dokumenttypen erfolgt implizit über ein logisches ODER.

- **Datum**
  Häufig ist es sinnvoll Dokumente anhand von Zeitkriterien zu suchen (zumindest den Suchraum erheblich einzuschränken). Zu diesem Zweck sind zu den Kriterien **Jahrgang, erfaßt, geändert** und **letzter Zugriff** die einschränkenden Operatoren **vor, nach** und **zwischen** anwendbar. Analog der Behandlung von Verzeichnissen werden diese im Bedarfsfall in einem Operator-Fenster eingeblendet und zur Selektion bereitgestellt. Ohne Angabe eines Zeitoperators wird ein angegebenes Datum als exaktes Datum interpretiert. Darüberhinaus besteht die Möglichkeit, durch Angabe lediglich der Jahres- oder Monats- und Jahreszahl den Suchraum auf den so global beschriebenen Zeitraum zu begrenzen.

Aus Gründen einer problemlosen Handhabung erfolgt die logische Verknüpfung der Suchbegriffe implizit. Grundsätzlich werden Suchbegriffe unterschiedlicher Kriterien mit einem logischen UND verknüpft, wohingegen verschiedene Suchbegriffe eines Ablagekriteriums mit einem logischen ODER verbunden werden. Lediglich bei den Deskriptoren ist diese Regel änderbar. Das heißt, Deskriptoren können wahlweise UND oder ODER verknüpft sein. Die Wahl der Verknüpfungsart erfolgt über eine Funktionstaste (mit einem Umschalteffekt (UND/ODER) und wird zur visuellen Kontrolle mit einem entsprechenden Eintrag im Formular-Fenster angezeigt.

(3) Suche und Ergebnisanzeige

Nachdem der Benutzer zu ausgewählten Klassifizierungs-Kriterien geeignete Suchbegriffe selektiert hat, übergibt er die so formulierte Anfrage dem System zur Recherche. Bei einer erfolgreichen Suche erscheinen am Bildschirm zwei neue Fenster. Das erste enthält das Verzeichnis aller gefundenen Dokumententitel (Fundstellen-Fenster), das zweite Fenster zeigt den Text des ersten Dokuments im Fundstellen-Fenster. Um die Auswertung der angezeigten Dokumente zu erleichtern, werden alle im Dokument enthaltenen Deskriptoren visuell hervorgehoben (doppelte Helligkeit).

(4) Ergebnisauswertung

Unter der Voraussetzung, daß die Strategie des wiedererkennenden Suchens per Definition das gewünschte Ergebnis liefert – ansonsten wären die Zielobjekte nicht wiedererkannt worden – entfällt weitgehend der Prozeß der Präzisierung und Reformulierung der Anfrage. Lediglich das Sichten der aufgefundenen Dokumente und deren Kennzeichnung als relevant, beziehungsweise nicht relevant, ist noch Aufgabe des Benutzers. Bei diesem Prozeß erfolgt eine visuelle Unterstützung seitens des Systems, indem die Darstellung der Titel im Fundstellen-Fenster den Status der Dokumente hinsichtlich ihrer Auswertung repräsentieren. So erscheinen die Titel im Fundstellen-Fenster je nach Status: **invertiert** (aktuell angezeigter Text), mit **doppelter Helligkeit** (noch nicht gesichtete Dokumente), **normal** (bereits gesichtete Dokumente) und **unterstrichen** (als relevant markierte Dokumente).

Im Rahmen dieser Auswertung besteht die Möglichkeit relevante Dokumente einer Dokumentensammlung zuzuordnen (beispielsweise die Ablage in einem Dossier), oder diese unmittelbar der Druckausgabe zuzuführen. Hierzu ist über das Funktionstastenfeld ein separates Options-Fenster abrufbar, in dem die entsprechenden Funktionen selektierbar sind.

4.3.2.2 Beschreibendes Suchen

Während bei der im vorigen Abschnitt dargestellten Suchstrategie davon ausgegangen wird, Zielobjekte anhand wiedererkannter Begriffe (beispielsweise dem Dokumenten-Titel) einfach und schnell wiederaufzufinden, beziehungsweise zu identifizieren, ist die Strategie der beschreibenden Suche in den Situationen relevant, in denen Zielobjekte nicht wiedererkannt, jedoch inhaltlich beschrieben werden können. In der Regel erfolgt die inhaltliche Beschreibung in Form von Deskriptoren, wobei die Möglichkeit besteht, mittels weiterer Klassifizierungsmerkmale, den Suchraum einzugrenzen.

Grundsätzlich ist im Rahmen dieser Strategie ein Wechsel zur Strategie des wiedererkennenden Suchens möglich und auch sinnvoll; denn es ist denkbar, daß im Verlauf der Definition von Anfrage-Deskriptoren oder im Rahmen der Ergebnisauswertung Begriffe partiell wiedererkannt und somit integriert werden. Aus diesem Grund ist jederzeit die Kombination beider Strategien möglich.

(1) Suchraum spezifizieren

Dieser Vorgang ist mit dem im vorhergehenden Abschnitt (wiedererkennendes Suchen) beschriebenen Vorgang identisch und demzufolge strategieunabhängig.

(2) Suchkriterien definieren

Prinzipiell sind die zur Strategie des wiedererkennenden Suchens vorgesehenen Möglichkeiten zur Definition von Suchkriterien auch hier anwendbar. Zusätzlich können Klassifizierungsmerkmale und Suchbegriffe aber auch manuell/direkt in das Formular-Fenster eingetragen werden. Hierzu positioniert der Benutzer den Cursor auf das Eingabefeld des gewünschten Kriteriums und gibt über die Tastatur den oder die Suchbegriffe ein.

Erfahrungsgemäß birgt die Phase der manuellen Eingabe von Suchbegriffen – insbesondere bei Deskriptoren – zwei nicht zu unterschätzende Fehlerquellen:

- orthographische Fehler und
- Terminologie-Fehler.

Beide Fehlerarten veranlassen das System in der Suchphase zu „Irrläufen", die entweder keine oder falsche Ergebnisse liefern. Zeitraubende Reformulierungen der Anfrage sind die Folge. Zur Vermeidung dieses Effekts erfolgt synchron zur Deskriptoreingabe der zeichenweise Abgleich der Eingabe mit dem vorhandenen Deskriptorbestand im System. Sobald also im Verlauf der Deskriptoreingabe eine eindeutige Abbildung auf einen vorhandenen Deskriptor nicht mehr möglich ist, wird die Eingabe unter Hinweis auf deren Sinnlosigkeit zurückgewiesen. Die Eingabe kann dann ab der betreffenden Zeichenposition fortgeführt oder neu begonnen werden. Im Gegensatz zur Schreibfehlerkorrektur-Funktion der Ablage-Komponente (Abschnitt 4.3.1), hat diese Methode den Vorteil, sowohl Schreibfehler als auch Terminologie-Fehler zu erkennen.

Darüberhinaus verfügt das System über folgende Funktionen, die bei der Definition von Suchkriterien hilfreich sein können:

- **Wildcards (Truncation-Funktion)**

  Bei der Eingabe von Suchbegriffen zu den Kriterien **Titel**, **Verfasser**, **Quelle** und **Deskriptor**, kann ab der zweiten Zeichenposition anstelle weiterer Buchstaben ein Stern (*) folgen. Mit dieser sogenannten Wildcard-Funktion lassen sich unter anderem in Annäherung die meisten Derivate zu Wortstämmen generieren oder zu bekannten Wortanfangsfragmenten alle Varianten erzeugen. Die Benutzung der Wildcard-Funktion kann auch dazu beitragen, das Problem der Wort-Unsicherheit bei der Formulierung von Anfragen zu mildern.

- **Phonetische Suche (Koinzidenz-Funktion)**

  Speziell bei der Suche über den Verfasser-Namen tritt häufig die Situation ein, daß dieser nur dem Wortlaut nach bekannt ist, die korrekte Schreibweise jedoch nicht. Neben der Möglichkeit das Namens-Verzeichnis der Verfasser einzublenden, um darin den gewünschten Namen zu selektieren (siehe Abschnitt 4.3.2.1), bietet das System über die Ermittlung eines phonologischen Annäherungsgrades (Koinzidenz) zwischen dem eingegebenen Namen und den im System abgelegten Verfasser-Namen eine alternative Lösung zu diesem Problem. Erfolgt im Rahmen der Anfrageformulierung im Eingabefeld „Verfasser Name" ein Eintrag, hat der Benutzer die Wahl zwischen einem exakten „String-Match" und der phonetischen Behandlung der Eingabe. Die nur in diesem Systemzustand gültige Koinzidenz-Funktion wird über das Funktionstastenfeld aktiviert, deren aktuelle Belegung kontextabhängig am unteren Bildschirmrand (Haupt-Fenster) in einer dynamischen Menüleiste angezeigt wird.

(3) Suche und Ergebnisanzeige

Die Aktivierung der Recherche (Suche) sowie die Ergebnisanzeige erfolgt unabhängig von einer spezifischen Suchstrategie in der Art und Weise, wie dies im vorhergehenden Abschnitt „Wiedererkennendes Suchen" definiert ist.

(4) Ergebnisauswertung und Reformulierung

Wenn Dokumente auf der Basis von Suchbegriffen – insbesondere in Form von Deskriptoren – recherchiert werden, muß davon ausgegangen werden, daß zunächst nur eine Untermenge der relevanten Dokumente gefunden wird (Recall < 1). Abweichend von der im vorherigen Abschnitt beschriebenen Ergebnisauswertung ist bei dieser Form der Recherche die Notwendigkeit der Anfragereformulierung gegeben, um so schrittweise alle relevanten Dokumente aufzufinden (Recall = 1).

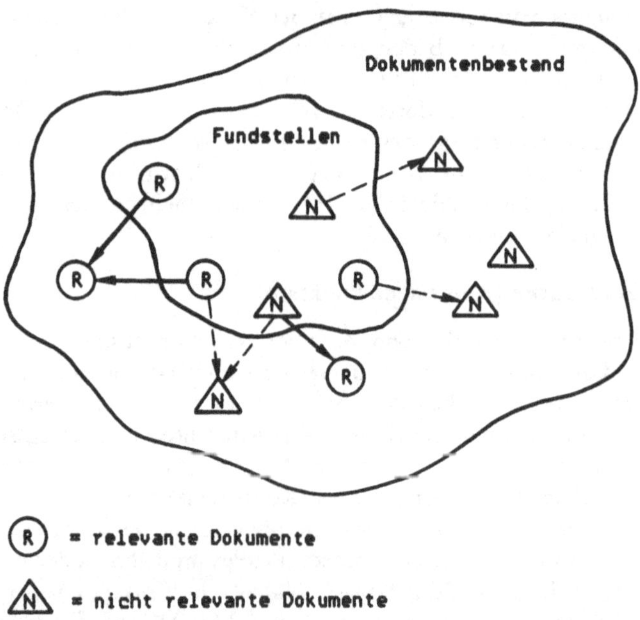

Abb. 4–8: Prinzip und Ziel des Reformulierungsprozesses

Dieser Reformulierungsprozeß wird entscheidend durch die kognitiven und kommunikativen Bedingungen des menschlichen Benutzers mit seiner begrenzten Rationalität geprägt (siehe hierzu Kapitel 2). Die gefundenen Dokumente spielen bei diesem Prozeß eine zentrale Rolle. Denn im Verlauf des Sichtens und Bewertens der gefundenen Dokumente ergeben sich für den Benutzer in der Regel neue, oder in Relation stehende Aspekte, die als präzisierende, beziehungsweise modifiziernde Begriffe, in den Reformulierungsdialog einfließen. Gleichermaßen trifft das für gefundene relevante und gefundene nicht relevante Dokumente zu (siehe Abb. 4–8). Dies steht im Gegensatz zur Relevanz-Feedback-Strategie (SMART und FAKYR), bei der gefundene nicht relevante Dokumente lediglich zur Negierung der mit diesen Dokumenten referenzierten Deskriptoren führt. Ohne den ursprünglichen Spezifizierungsdialog zu wiederholen, hat der Benutzer die Möglichkeit, die Anfrage dynamisch zu verändern, indem er neue Begriffe/Aspekte hinzufügt und/oder alte Begriffe entfernt oder verändert (siehe auch Abschnitt 2.5.2). Anfragen können so **verfeinert** oder **erweitert** werden. Erfolgt ein Suchlauf mit einer **erweiterten** reformulierten Anfrage, werden bereits gefundene und nicht als relevant markierte Dokumente bei der Recherche nicht mehr berücksichtigt (in der Annahme, daß diese für die weitere Präzisierung keine neuen oder nur noch unwesentliche Aspekte beinhalten).

Im einzelnen verläuft der Reformulierungsprozeß wie folgt:

1) Zunächst erfolgt in der den Reformulierungsprozeß einleitenden Navigationsphase das Sichten und Bewerten der gefundenen Dokumente in beliebiger, selektierbarer Reihenfolge, indem relevante Dokumente als solche markiert und/oder direkt der Druckausgabe zugeführt, beziehungsweise einer Dokumentensammlung/Wiedervorlage zugeordnet werden. Hierzu erscheinen am Bildschirm wahlweise die Kurzfassung/Anmerkungen oder das Originaldokument, sowie zwei weitere Fenster die die Anfrage- Deskriptoren und die das angezeigte Dokument repräsentierenden Deskriptoren beinhalten (siehe Abb. 4–9).

2) Auf der Basis dieser Repräsentation vollzieht der Benutzer den eigentlichen, mehrstufigen Reformulierungsprozeß. Hierbei wird davon ausgegangen, daß im Normalfall ein Anfrageergebnis eine nicht leere Differenzmenge zwischen den das gefundene Dokument beschreibenden Deskriptoren und den Anfrage-Deskriptoren liefert. Unabhängig von der Relevanz eines gefundenen Dokuments können die in der Differenzmenge enthaltenen Deskriptoren potentielle Referenzen zu relevanten, nicht gefundenen Dokumenten darstellen (siehe auch Abb. 4–8). Dies trifft im Prinzip auch für den Dokumententext zu.

   Zur direkten Nutzbarmachung dieses Phänomens verfügt das System über spezielle den Navigations- und Reformulierungsprozeß unterstützende

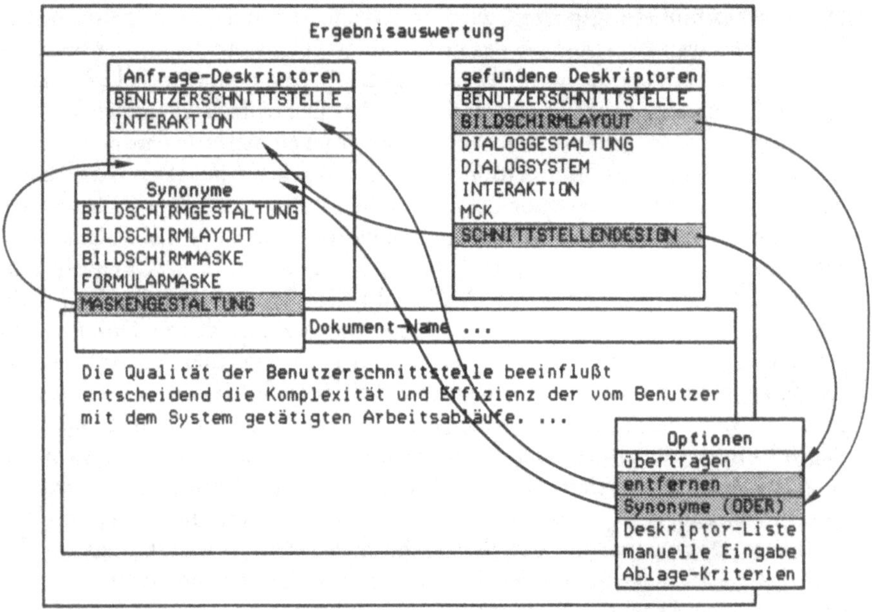

Abb. 4–9: Reformulierungs-Dialog (Wiedererkennen, Assoziieren, Präzisieren und Selektieren)

Funktionen. Mit Hilfe dieser über das Options-Fenster abrufbaren Funktionen ist es möglich:

- Deskriptoren der Differenzmenge in die Anfrage zu integrieren, indem diese im Fundstellen-Fenster **selektiert** und anschließend in das Anfrage-Fenster **übertragen** werden.
- Begriffe aus dem Dokumententext unter automatischer Einbeziehung der Funktion „Terminologie-Kontrolle" (siehe Abschnitt 4.3.2.1) in die Anfrage zu **übertragen.**
- Deskriptoren aus dem Anfrage-Fenster – und damit aus der ursprünglichen Anfrage – zu **entfernen.**
- Zu beliebigen Begriffen im Anfrage-Fenster, Fundstellen-Fenster oder Text-Fenster **synonyme Begriffe abzurufen,** falls solche vorhanden sind (siehe hierzu auch Abschnitt 4.3.1.2).
- **Synonym-Begriffe** unter automatischer Einbeziehung der Funktion „Terminologie-Kontrolle" als Deskriptor in die Anfrage zu **übertragen.**
- Die vollständige Deskriptorliste einzublenden und durch Selektion ausgewählte Begriffe in das Anfrage-Fenster zu **übertragen.**

– Deskriptoren unter automatischer Einbeziehung der Funktion „Terminologie-Kontrolle“ **manuell einzugeben.**

– Erneut in den **Klassifizierungsdialog** „einzusteigen“, indem das Formular-Fenster mit den aktuellen Einträgen eingeblendet wird, um darin spezifische Kriterien zu ändern oder neue zu definieren.

Dieser Reformulierungsprozeß ist iterativ, wobei Anfragen sowohl verfeinert als auch erweitert werden können. Die in einem Reformulierungszyklus als relevant erkannten Dokumente bilden jeweils die Basis für die weitere Präzisierung, in deren Verlauf sukzessiv alle relevanten Dokumente aufgefunden werden.

4.3.2.3 Konzeptuelles Suchen

Im Rahmen von Suchprozessen ist häufig die schwierigste Aufgabe das Finden oder Formulieren der „richtigen“ Fragen. Vage Vorstellungen und Ideen (Konzepte) von potentiellen Zielobjekten, verbunden mit gradueller Unsicherheit über deren Relevanz, bilden eine massive Hemmschwelle hinsichtlich der Nutzung computergestützter Retrievalsysteme (vergleiche auch Abschnitte 2.5.2 und 4.1). Hieraus leitet sich die Forderung nach der systemseitigen Unterstützung einer Strategie ab, die einerseits solche Unsicherheiten zuläßt, andererseits aber auch Methoden bereitstellt, die eine erfolgreiche Terminierung des Suchprozesses ermöglichen.

Die Grundidee zu dieser Strategie basiert auf den stark ausgeprägten menschlichen **assoziativen Gedächtnisleistungen**. Die Psychologie (Clauss 76, S. 48) definiert Assoziation als:

> „Verbindung von Bewußtseinsinhalten, z.B. von Wahrnehmungen, Vorstellungen oder Begriffen in der Weise, daß das Auftreten einer Wahrnehmung, einer Vorstellung oder eines Begriffs zur Reproduktion der mit ihnen verknüpften Wahrnehmungen, Vorstellungen oder Begriffe führt.“

Die mechanistische Assoziationstheorie liefert hierzu die Rekonstruktionsregeln, die auf den 3 aristotelischen Assoziationsprinzipien beruhen (Clauss 76, S. 48):

1. Nach der **Ähnlichkeit**, das heißt, eine Wahrnehmung oder eine Vorstellung ruft Gedächtnisinhalte hervor, die ihnen ähnlich sind.

2. Nach dem **Kontrast**, das heißt, eine Wahrnehmung oder eine Vorstellung ruft Gedächtnisinhalte hervor, die ihnen entgegengesetzt sind.

3. Nach der **räumlichen Koexistenz** und der **zeitlichen Sukzession**, das heißt, eine Wahrnehmung oder eine Vorstellung ruft andere Vorstellungen hervor, die in der Vergangenheit gleichzeitig mit ihr oder unmittelbar nach ihr erlebt werden.

Assoziation ist immer dann von besonderer Bedeutung, wenn aufgrund von Vergessen Begriffe, Zusammenhänge, Lösungen oder Lösungsprinzipien im Gedächtnis nicht mehr abrufbar sind, diese aber aktiviert werden sollen. Zumal Assoziationsprozesse in der Regel mit Lernen verbunden sind, stellt sich die Frage, wie solche Prozesse im Rahmen von informationsorientierten Arbeitsplätzen angemessen berücksichtigt und zur Steigerung der Effizienz genutzt werden können. Der hier vorgestellte Ansatz liefert sowohl ein methodisches als auch ein operationales Vorgehen, Assoziations- und damit Lernprozesse zu aktivieren und diese für den eigentlichen Aufgabenerfüllungsprozeß nutzbar zu machen.

Hierbei wird von der These ausgegangen, daß der Mensch sein Wissen über einen Gegenstandsbereich auf der Basis von Teilinformationen **rekonstruiert**, die er im Verlauf des Suchprozesses durch **Wiedererkennen** oder **Assoziation** „sammelt“. Dieser Prozeß schließt die Möglichkeit der Generierung **neuer Erkenntnisse** ein.

Bei genauer Betrachtungsweise wird deutlich, daß auf der Grundlage der zuvor dargestellten Strategien und der daraus abgeleiteten Funktionalität (Abschnitte 4.3.2.1 und 4.3.2.2) die operationale Abbildung der Strategie des konzeptuellen Suchens möglich ist. Es bedarf also nicht der Integration weiterer Systemfunktionen. Diese Strategie bedingt vielmehr die **intensive Kombination der zuvor beschriebenen Strategien mit all ihren Möglichkeiten.** Von ganz entscheidender Bedeutung sind in diesem Zusammenhang die im System integrierten fensterorientierten Browsing- und Navigations-Funktionen. Sie spielen eine zentrale Rolle bei der Aktivierung von Assoziationsprozessen und deren Nutzbarmachung im Rahmen der interaktiven Reformulierung von Anfragen.

4.3.3 Ausgabe und automatische Wiedervorlage

Neben der Möglichkeit, einzelne Dokumente bereits im Verlauf einer Anfrage/Recherche direkt auszudrucken, verfügt das System für die komprimierte Ausgabe von Dokumenten und Referenzlisten über eine separate Ausgabe-Komponente. Diese ermöglicht die alternative Ausgabe der spezifizierten Texte auf den Drucker, eine externe Datei oder den Bildschirm, sowie die gezielte Ausgabe von Dokumenten der Wiedervorlage.

(1) Ausgabe

Die Funktionalität der Ausgabe-Komponente (siehe Abb. 4–10) erlaubt im wesentlichen die Ausgabe folgender Dokumente/Informationen:

1) **Markierte Dokumente**
Die Ausgabe aller im Rahmen einer Recherche als relevant markierten Dokumente (relevante Fundstellen).

2) **Dokumentensammlung**
Die Ausgabe aller in einer Arbeitsablage, einem Dossier oder in der Wiedervorlage enthaltenen Dokumente.

3) **Referenzlisten/Verzeichnisse**
Die Ausgabe von Refernzlisten und -verzeichnissen. Hiermit lassen sich zu den Ablage-Kriterien: Titel, Vefasser, und Dokumenttyp separate Referenzlisten anfertigen, sowie Inhaltsverzeichnisse zu den einzelnen Dokumentensammlungen (Arbeitsablage, Dossier und Wiedervorlage) erstellen.

Mit Ausnahme der Generierung von Referenzlisten ist bei den Ausgabe-Funktionen zur Kontrolle ein Ausgabe-Fenster abrufbar, in dem alle zur Ausgabe vorgesehenen Dokumente namentlich verzeichnet sind. Dem Benutzer wird damit die Möglichkeit gegeben, einzelne Dokumente durch Selektion von der Ausgabe auszuschließen.

Nachdem die Ausgabe in der oben beschriebenen Form spezifiziert ist, kann unabhängig von der gewählten Ausgabe-Funktion ein Sortierkriterium definiert werden, das die Sortierreihenfolge der Ausgabe bestimmt. Zur Auswahl stehen: Titel (alphabetisch), Dokumenttyp und Verfasser sowie wahlweise eines der Datums-Kriterien. Hierzu erscheint am Bildschirm ein entsprechendes Fenster in dem diese Sortierkriterien selektierbar aufgeführt sind. Darüberhinaus kann der Benutzer entscheiden, ob die Ausgabe der Dokumente mit, oder ohne einem Dokumenten-Kopf erfogen soll, der die Klassifizierungs-Kriterien eines Dokuments (Dokumenttyp, Titel und dergleichen) enthält.

Die abschließende Selektion des Ausgabemediums (Drucker, Datei, oder Bildschirm) beendet den Spezifizierungsdialog.

(2) Wiedervorlage

Im täglichen Umgang mit Dokumenten kommt deren gezielte Wiedervorlage, in Abhängigkeit bestimmter Randbedingungen, eine nicht zu unterschätzende Bedeutung zu. Wie bereits in Abschnitt 2.5.1 (Organisation der persönlichen Arbeitsumgebung) herausgestellt wird, ist die Existenz einer systemgesteuerten Komponente zur automatischen Wiedervorlage von Dokumenten eine wesentliche Voraussetzung für ein die menschliche Erinnerungsfähigkeit unterstützendes, benutzernahes System.

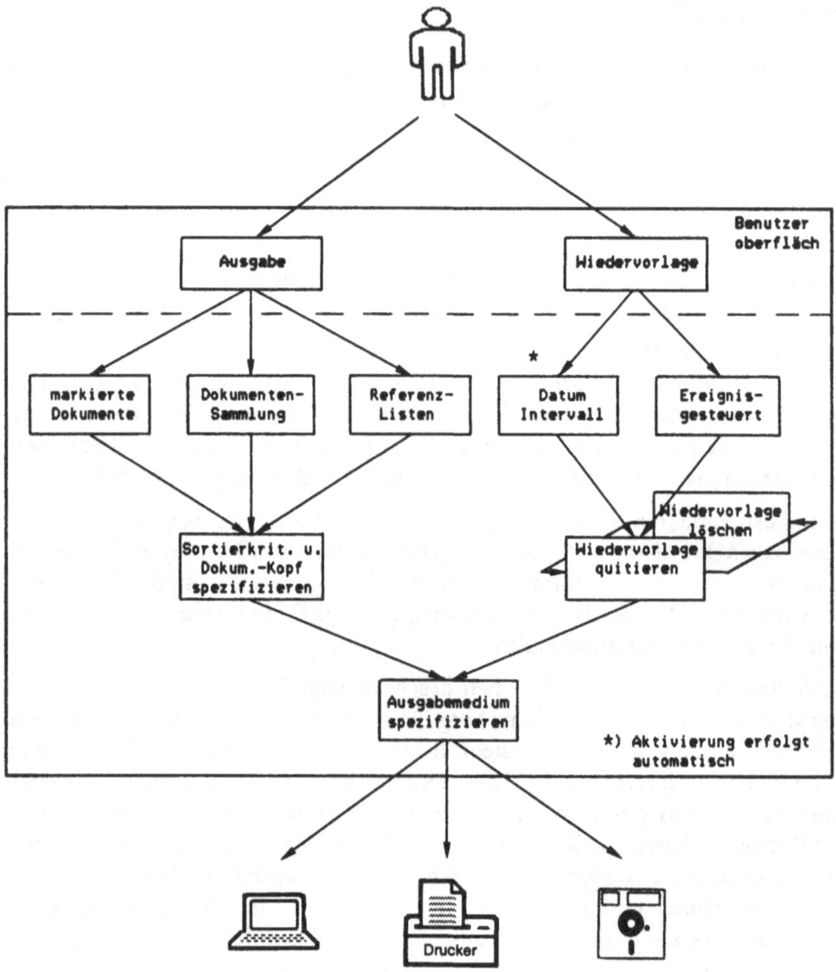

Abb. 4–10: Die Funktionalität der Ausgabe-Komponente

Die Wiedervorlage von Dokumenten wird systemseitig mittels zweier Mechanismen gesteuert:

- vollautomatisch anhand der Kriterien **Priorität** und **Datum,**
- halbautomatisch anhand des Kriteriums **Ereignis.**

Im ersten Fall erfolgt die **Wiedervorlage automatisch** zum Zeitpunkt des angegebenen **Datums,** beziehungsweise zu den Stichtagen der definierten **Intervalle** (täglich, wöchentlich oder monatlich). Beim Systemstart – und nur dann – wird eine Prüfroutine aktiv, die feststellt, ob ein in der Wiedervorlage enthaltenes Datum gleich oder kleiner als das aktuelle Tagesdatum ist. Ist dies der Fall, wird die Wiedervorlage-Funktion aktiviert und ein Fenster mit dem Verzeichnis der zur Wiedervorlage anstehenden Dokumente und/oder Dossiers eingeblendet. Der Benutzer kann diese dann selektiv bearbeiten, erledigte Objekte quittieren (wichtig für die intervallgesteuerte Wiedervorlage) und Objekte aus der Wiedervorlageliste entfernen. Die Ausgabe einzelner Dokumente erfolgt wahlweise auf dem Bildschirm, dem Drucker oder eine Datei.

Die **ereignisgesteuerte Wiedervorlage** erfolgt nicht automatisch, sie bedingt die Beteiligung des Benutzers. Tritt eines der definierten Ereignisse ein (beispielsweise „Projektabschluß Kunde ABC"), ist die manuelle Aktivierung der Wiedervorlage-Funktion erforderlich. Hierdurch gelangt die Ereignis-Liste zur Anzeige, in der das entsprechende Ereignis selektiert wird. Die mit diesem Ereignis referenzierten Objekte stehen damit zur Ausgabe an (wahlweise Bildschirm, Drucker oder Datei). Wie im Fall der automatischen Wiedervorlage, werden zuvor diese Dokumente bestätigt und können optional aus der Wiedervorlageliste gelöscht werden.

4.4 Modell der systemnahen Retrieval-Komponente

Abschließend erfogt die modellmäßige Darstellung der dem System zugrundeliegenden Daten- und Referenzstrukuren auf der logischen Ebene. Diese repräsentieren insbesondere die in Abb. 4–3 definierten Ablagekriterien eines Dokuments. Gemäß der eingangs getroffenen Entwurfsentscheidung, das System nach dem datentechnologischen Ansatz als invertiertes System zu konzipieren, läßt sich die in Abb. 4–11 dargestellte logische Datenstruktur entwerfen.

Mit dieser Darstellung wird keine Aussage darüber gemacht, wie die Daten im Rahmen einer Implementierung auf einem Rechnersystem physikalisch abgebildet werden. Die Umsetzung der logischen Datenstruktur in physikalische Speicherungsstrukturen und die Definition der darauf operierenden Zugriffsverfahren ist nicht Ziel dieser Arbeit (allgemeine Verfahren hierzu werden beispielsweise in (Maurer 74) erläutert; spezifische, speziell auf die hier behandelte Thematik bezogene Aspekte, findet man beispielsweise in (Holl 79) und (Pape 81)). Im Mittelpunkt des Entwurfs (siehe Kapitel 5) steht vielmehr die methodische Beschreibung der durch das hier beschriebene Konzept geprägten Dialog-Schnittstelle des Systems.

Die Bedeutung der Dialog-Schnittstelle und der ihr im Rahmen dieses Ansatzes beigemessene zentrale Stellenwert, konnte bei der Entwicklung eines experi-

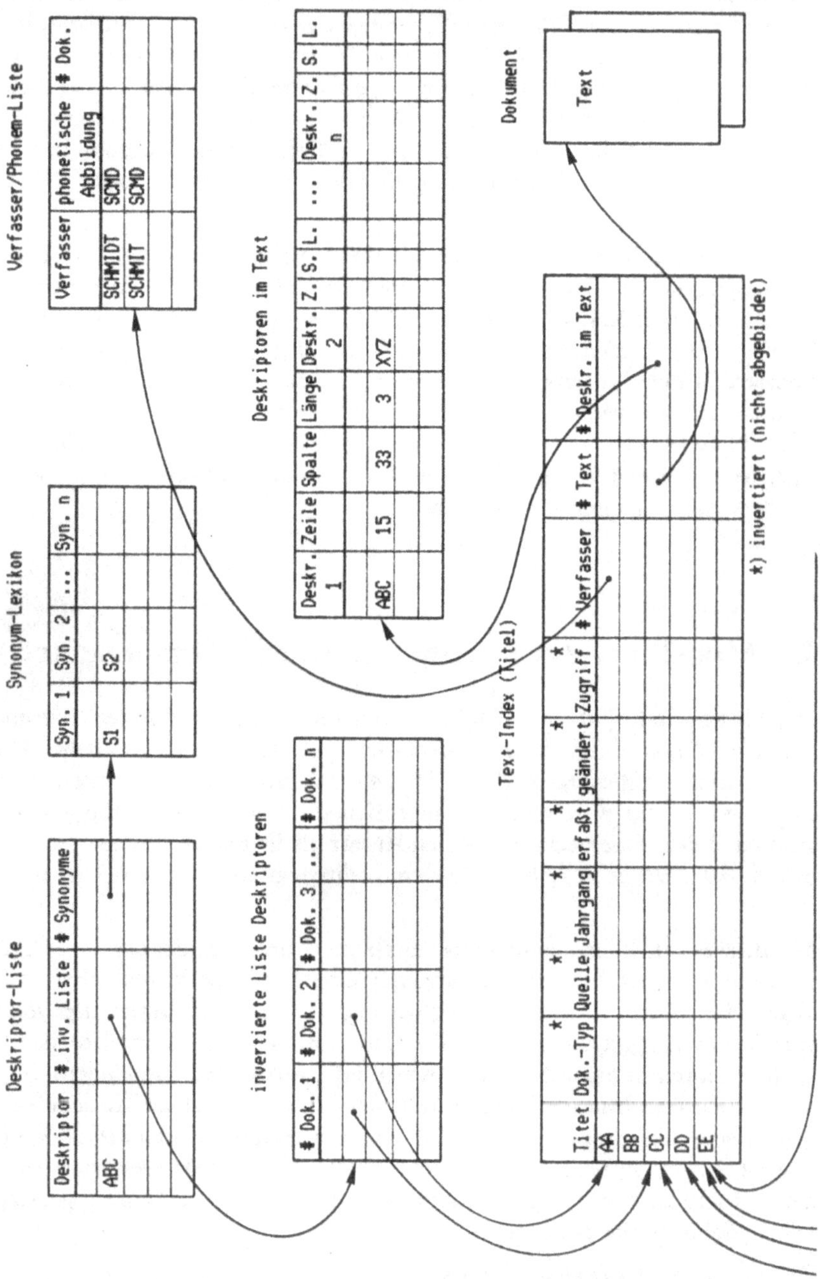
Deskriptor-Liste
Deskriptor
inv. Liste
Synonyme
ABC
Synonym-Lexikon
Syn. 1
Syn. 2
...
Syn. n
S1
S2
Verfasser/Phonem-Liste
Verfasser
phonetische Abbildung
Dok.
SCHMIDT
SCHMIT
SCMD
SCMD
invertierte Liste Deskriptoren
Dok. 1
Dok. 2
Dok. 3
...
Dok. n
Deskriptoren im Text
Deskr. 1
Zeile
Spalte
Länge
Deskr. 2
Z.
S.
L.
...
Deskr. n
ABC
15
33
3
XYZ
Dokument
Text
Text-Index (Titel)
Titel
Dok.-Typ
Quelle
Jahrgang
erfaßt
geändert
Zugriff
Verfasser
Text
Deskr. im Text
AA
BB
CC
DD
EE
*) invertiert (nicht abgebildet)

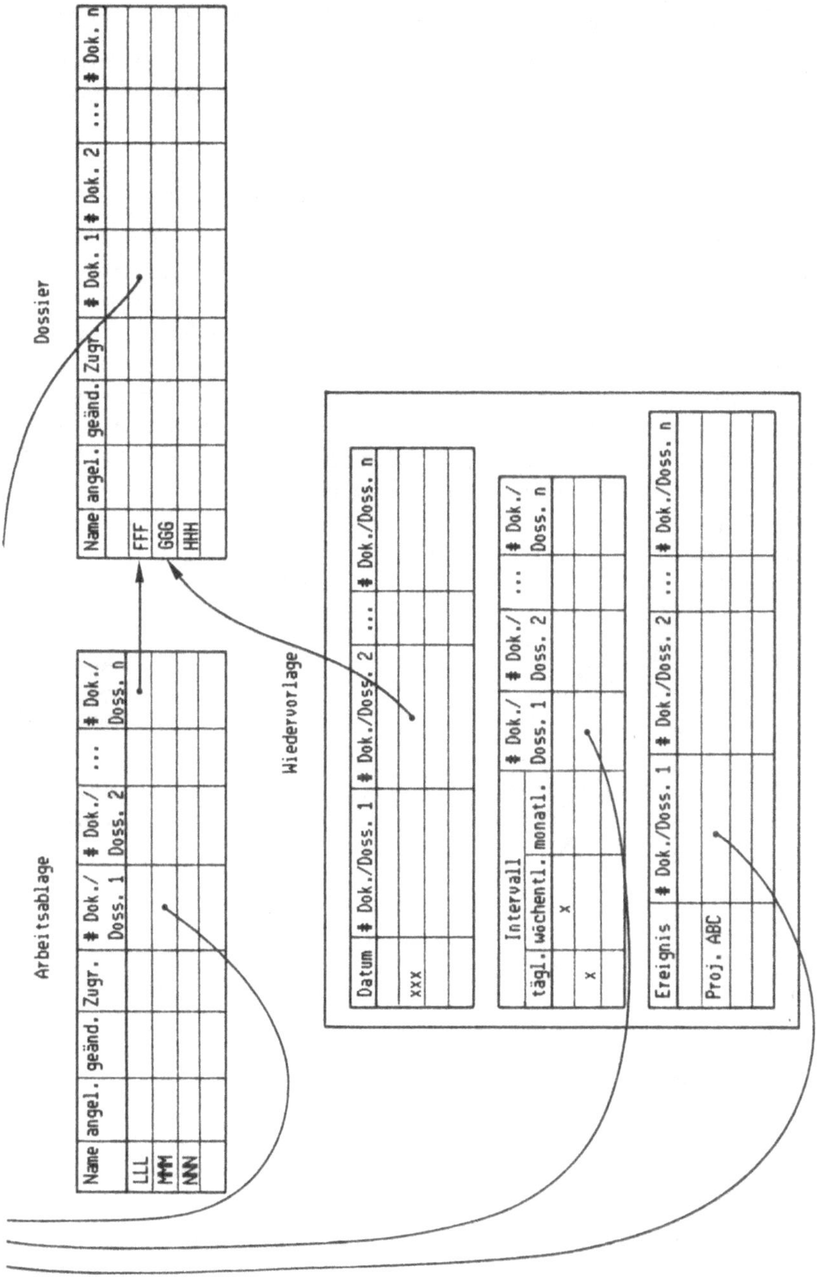

Abb. 4–11: Die logische Datenstruktur des Systems

mentellen Prototypen (Prajitno 86) (mit einer Untermenge der hier definierten Systemfunktionalität) bestätigt werden.

Aufgrund der teilweise spezifischen Anforderungen an das zu entwerfende System, sollen abschließend zu zwei speziellen Aspekten Anmerkungen gemacht werden :

1) Anforderung an die Datenstruktur der Deskriptorliste

Zur Realsierung des im Abschnitt 4.3.2.2 vorgeschlagenen Verfahrens zur Terminologie-Kontrolle während der Eingabe von Deskriptoren in eine Suchfrage muß die Datenstruktur der Deskriptorliste so aufgebaut sein, daß sie in jedem Fall zeichenweise schneller zu traversieren ist, als zwei aufeinanderfolgende Zeichen über die Tastatur eingegeben werden können. Nur dann wird der damit beabsichtigte Effekt erreicht. Hierzu wird eine Baumstruktur gewählt, in der Begriffe zeichenweise repräsentiert werden. Geeignet ist unter anderem die „Chaining-Methode" (Salton 68, S. 74 ff), die auch unter der Bezeichnung Trie-Struktur (Fredkin 60) bekannt ist. Im folgenden wird das Verfahren kurz dargestellt (siehe Abb. 4–12) und dessen wesentliche Vorteile erläutert (Mundt 85, S. 22–25):

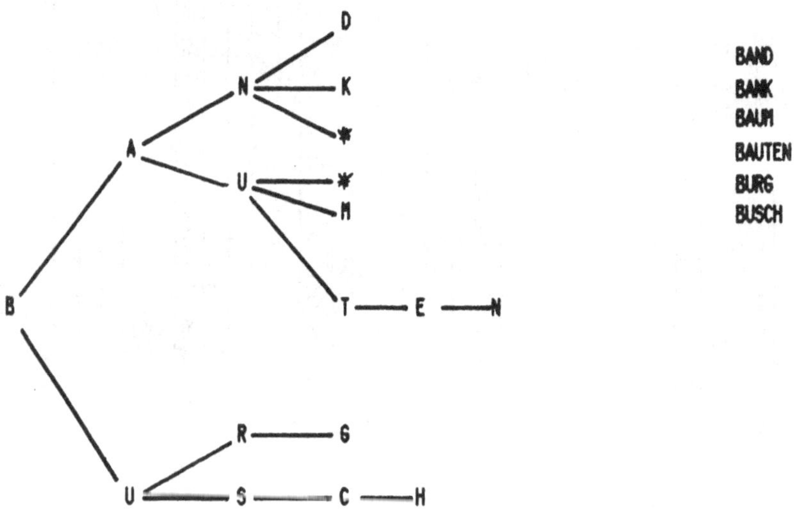

Abb. 4–12: Prinzip der Trie-Struktur

Bei dieser Struktur repräsentieren alle Nachfolge-Knoten eines Knotens sämtliche Buchstaben, die innerhalb eines gültigen Wortes auf diesen Knoten folgen können. Der Vorteil dieses Verfahrens liegt in der leichten

Erweiterbarkeit der Struktur. Wortuntermengen können ohne Änderung der Struktur definiert werden; die Traversierung der Struktur geschieht auf der Basis eines einfachen Zeichenvergleichs pro Knoten. Im Rahmen einer Testimplementierung konnte die Eignung dieser Struktur zur Realisierung der Terminologie-Kontrolle bestätigt werden.

2) **Phonetische Suche**

Zur Realisierung der phonetischen Suche nach dem Verfasser-Namen (vergleiche Anforderung in Abschnitt 4.3.2.2) wird ein einfaches Verfahren vorgeschlagen, das unter der Bezeichnung „Soundex“ bekannt ist. Bei diesem Verfahren werden die zu vergleichenden Wörter einer Umformung unterzogen, bei der die Buchstaben des Alphabets auf sieben Phonem-Gruppen reduziert werden. Treten bei der Umformung gleiche Buchstaben hintereinander auf, werden diese bis auf einen unterdrückt. Die sieben Phonemgruppen werden wie folgt gebildet (Plate 84, S. 49):

- A, E, H, I, O, U, W, Y → A,
- B, F, P, V → B,
- C, G, J, K, Q, S, X, Z → C,
- D, T → D,
- M, N → M,
- L, R, bleiben erhalten,
- der erste Buchstabe bleibt erhalten.

Mit diesem einfachen Verfahren lassen sich schnelle Phonemvergleiche durchführen, die durchaus akzeptable Ergebnisse liefern (Degenhardt 85).

5. Entwurf der Dialog-Schnittstelle

> There really are no principles of design at the level of the user interface.
>
> (D.A. Norman)

In diesem Kapitel erfolgt der Entwurf und die methodische Beschreibung der Dialog-Schnittstelle (Benutzungsoberfläche) des in Kapitel 4 konzipierten büroorientierten Dokumenten-Retrievalsystems. Die Beschränkung auf den Entwurf der Benutzungsoberfläche soll einerseits den Stellenwert der Dialogkomponente in Mensch-Computer-Systemen nochmals unterstreichen; andererseits ist gerade die Gestaltung der Benutzungsoberfläche zentraler Gegenstand des hier formulierten Ansatzes. Unter dieser Zielsetzung würde darüberhinaus der detaillierte Entwurf des Basissystems keinen zusätzlichen Erkenntnisgewinn bedeuten.

5.1 Entwurfs- und Darstellungsmethoden

Mit bekannten formalen Verfahren und Methoden zur Spezifikation, beziehungsweise zum Entwurf von Software-Systemen, wie beispielsweise SADT, PSL/PSA oder HIPO, ist eine detaillierte, der Bedeutung angemessene Beschreibung des Mensch-Computer-Dialogs nicht möglich. Das trifft im übertragenen Sinn auch für die neue Generation integrierter, computerunterstützter Software-Entwicklungs-Werkzeuge zu. In der Vergangenheit wurden nur wenige Anstrengungen unternommen speziell für den Entwurf und die Beschreibung des Mensch-Computer-Dialogs geeignete Methoden zu entwickeln oder vorhandene Methoden zu adaptieren (Jacob 83, S. 259), (Keil 85, S. 1). Die zur Zeit diskutierten relevanten Ansätze sind durchweg graphische Beschreibungsmittel, mit denen ein relativ detaillierter Mensch-Computer-Dialog modelliert werden kann. Insbesondere sind hier Methoden zu nennen, die auf:

- **Petri-Netzen** aufbauen, wie beispielsweise **Kanal-Instanz-Netze**, oder auf
- **State-Transition-Diagrammen** basieren, wie beispielsweise **Interaktions-Netze**.

Bevor auf diese beiden Varianten kurz eingegangen wird, sollen zunächst die wesentlichen Anforderungen an ein geeignetes Beschreibungsmittel für Dialog-Schnittstellen genannt werden (Jacob 83, S. 260):

- Die Methode und die erzeugte Beschreibung müssen leicht verständlich sein.
- Die erzeugte Beschreibung muß präzise sein.
- Die Methode muß mächtig genug sein, auch ein nicht triviales Systemverhalten mit einem Minimum an Komplexität zu beschreiben.
- Die Methode muß eine saubere Trennung zwischen Systemfunktionen einerseits und Dialogfunktionen andererseits unterstützen.
- Die erzeugte Beschreibung soll so nah wie möglich dem mentalen Modell des Benutzers entsprechen.
- Die erzeugte Beschreibung sollte leicht in ein Benutzerhandbuch überführt werden können.

(1) Kanal/Instanz-Netze

Dieses Beschreibungsmittel hat seinen Ursprung in der Petri-Netz-Theorie, die etwa seit Anfang der siebziger Jahre ständig weiter entwickelt wird. Insbesondere bei der GMD wurde diese Variante der Petri-Netze als Kanal-Instanz-Netze unter anderem zur Beschreibung von Dialog-Schnittstellen erprobt. Allerdings ist aus diesen Ansätzen bis heute lediglich eine Veröffentlichung hervorgegangen (GMD 82). Die dort beschriebene Methode basiert auf zwei, ursprünglich unabhängig voneinander entwickelten Modellen, den Kanal/Instanz-Netzen (KI-Netzen) und den Prädikat/Transitions-Netzen (PrT-Netzen). Dabei wird ein zunächst mit KI-Netzen beschriebenes System in ein PrT-Netz überführt. Letzteres dann in Form eines IML-beschrifteten PrT-Netzes. Der Begriff IML steht für Information-Management-Language, eine prädikatenlogische Sprache für die Beschriftung von PrT-Netzen, deren Notation im Zusammenhang mit der Begriffswelt IMC (Information-Management-Concept – ein Begriffssystem aus der Datenbankforschung) entwickelt wurde (Durchholz 76).

Die Überführung von KI-Netzen in IML-beschriftete PrT-Netze ist erforderlich, da mit KI-Netzen folgende Zusammenhänge nicht darstellbar sind (Richter 83, S. 161):

- die Abhängigkeit und Unabhängigkeit der Zugriffe einer Instanz auf die sie umgebenden Kanäle (Reihenfolgen, Alternativen, Nebenläufigkeit, Zusammenfall),
- was genau in den Kanälen enthalten ist, worauf genau zugegriffen wird, was dabei verändert wird und wie dadurch das Verhalten anderer Instanzen beeinflußt wird (das heißt die kausalen Abhängigkeiten/Unabhängigkeiten der Instanzen untereinander),

- welche Instanzen innere Kanäle enthalten, das heißt innere Zustände einnehmen können, in welchen Kanälen innere Instanzen enthalten sind, das heißt innere Vorgänge ablaufen können, und wo dies nicht der Fall ist.

Zusammenfassend läßt sich feststellen, daß IML-beschriftete PrT-Netze zwar unter formalen Gesichtspunkten ein geeignetes Beschreibungsmittel für Dialog-Schnittstellen darstellen, unter Berücksichtigung der eingangs definierten Anforderungen an eine solche Methode allerdings als zu komplex und zu aufwendig eingestuft werden muß.

(2) **Interaktions-Netze**

Diese Methode basiert auf den von Denert (Denert 77) entwickelten Interaktionsdiagrammen, die an der TU-Berlin zu den hier vorgestellten Interaktions-Netzen weiterentwickelt wurden. Bei dieser Methode, die letztlich auf State-Transition-Diagramme zurückgeführt werden kann, wird der Dialogablauf auf der Basis eines hierarchischen endlichen Automaten beschrieben, der seinerseits wieder endliche Automaten enthalten kann. Somit unterstützt die Methode ein Top-Down-Verfeinerungsprinzip. Darüberhinaus ist die Methode unter pragmatischen Gesichtspunkten leicht zu verstehen und zu handhaben. Im folgenden Abschnitt wird die Diagrammsprache kurz erläutert. Eine ausführliche Darstellung ist enthalten in (Floyd 85, S. 4-5 ff) und (Keil 85, S. 3.1 ff).

Hinsichtlich der technischen Möglichkeit zur Navigation und Selektion mittels eines Zeigeinstruments (Maus), wurde die Diagrammsprache vom Verfasser um diese Eigenschaft erweitert (siehe nächsten Abschnitt).

Da Interaktions-Netze den zu Beginn definierten Anforderungen an ein Beschreibungsmittel eher entsprechen als Kanal/Instanz-Netze in Verbindung mit IML-beschrifteten PrT-Netzen, erfolgt die Beschreibung der hier konzipierten Benutzungsoberfläche mit Hilfe von Interaktions-Netzen.

5.2 Methodische Beschreibung der Interaktions-Netze (IAN)

Die folgende Beschreibung ist mit einigen Änderungen auszugsweise entnommen aus (Keil 85, S. 3.1 ff).

Ein Interaktionsnetz (IAN) ist ein gerichteter Graph, dessen Knoten **Transitionen** und **Dialogzustände** bezeichnen. Der Begriff Graph wird verwendet, obwohl ein Graph eigentlich nur eine Sorte von Knoten kennt. Seine Kanten sind mit Benutzereingaben, Prädikaten und Kommandos versehene **Pfeile.**

(1) Transition

Eine Transition überführt einen vorausgehenden Dialogzustand in einen nachfolgenden Dialogzustand. Eine Transition produziert eine Ausgabe in Form einer Maske.

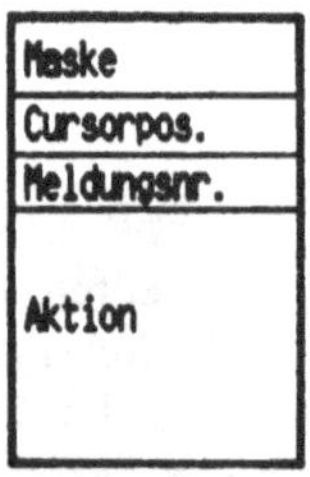

Abb. 5–1: Transition

Das Transitionssymbol ist in vier Teile untergliedert, die die Ausgabe einer Maske auf dem Bildschirm beschreiben.

- **Maske**: Bezeichnet den Namen der Maske in den Maskenbeschreibungen.
- **Cursorpos**: Bezeichnet den Namen des Feldes in der Maske, auf das der Cursor bei Ausgabe der Maske positioniert wird.
- **Meldungsnr.**: Bezeichnet die Nummer der auszugebenden Meldung aus dem Meldungsverzeichnis. Ist keine Meldung auszugeben, bleibt dieses Feld leer. Eine Meldung sollte ausgegeben werden wenn:
  - o ein Fehler angezeigt werden soll,
  - o ein Hinweis auf den Beginn oder den Abschluß einer internen Systemaktion gegeben werden soll.
- **Aktion**: bezeichnet eine Systemaktion. Diese wird informell beschrieben. Ist keine Systemaktion auszuführen, bleibt dieses Feld leer.

Auf eine Transition trifft ein benannter Pfeil, der von einem Dialogzustand ausgeht. Von einer Transition weg führt genau ein unbenannter Pfeil zu genau einem Dialogzustand.

(2) Zustand

Ein Zustand repräsentiert einen Dialogzustand. In einem Zustand werden Benutzereingaben erwartet. Der Benutzer macht seine Eingaben in der vorher ausgegebenen Maske. Abhängig von den Benutzereingaben und eventuell erfüllten Prädikaten erfolgt eine der Transitionen.

Dies bedeutet, daß ein Dialogzustand durch die Klasse der möglichen Eingaben definiert ist. Die **Benennung** eines Zustandes erfolgt informell.

Abb. 5–2: Zustand

Auf einen Dialogzustand führt mindestens ein Pfeil. Alle auf Dialogzustände führenden Pfeile sind unbenannt, weil der durch sie bezeichnete Übergang von der vorausgehenden Transition zum aktuellen Dialogzustand nach Ausführung der vorangegangenen Transition unbedingt betreten wird. Von einem Dialogzustand führt mindestens ein benannter Pfeil weg.

(3) Pfeile

Benannte Pfeile bezeichnen Übergänge von Dialogzuständen zu Transitionen. **Unbenannte Pfeile** bezeichnen Übergänge von Transitionen zu Dialogzuständen. Die Benennung der Pfeile bezeichnet die Benutzereingaben und Prädikate. Benutzereingaben können sein:

– **Funktionstasten:** Bezeichnung in großen Buchstaben, umrahmt von einem Kästchen.

– **Selektion mit der Maus:** Ein fest definiertes Zeichen (eine Raute in einem Kreis) symbolisiert die direkte Manipulation (Selektion) von Objekten/Kommandos auf dem Bildschirm.

– **Kommandos:** (textuell vom Benutzer einzugeben) Bezeichnung in kleinen Buchstaben und in Zahlen. Die Zeichen werden unterstrichen.

- **Daten:** Daten werden in großen Buchstaben informell beschrieben. Anstelle von bestimmten Daten kann das Wort „DATEN" stehen. Die Qualifizierung ergibt sich durch die in der entsprechenden Maskenbeschreibung spezifizierten Felder.

- **Prädikate:** Prädikate bezeichnen die Zugehörigkeit zu Relationen. Ihre Auswertungen liefern Wahrheitswerte, das heißt Prädikate sind erfüllt oder nicht erfüllt. Prädikate müssen mit Benutzereingaben kombiniert werden. Die Benennung erfolgt in Kleinbuchstaben.

- **Optionale Eingabe:** Kommandos und Daten können optional angegeben werden. Das bedeutet, der Benutzer kann die Eingabe machen, muß es aber nicht. Der Übergang zur Transition, auf die der Pfeil zeigt, erfolgt dann auch, wenn der Benutzer die optionale Eingabe nicht macht. Die **optionale Eingabe wird geklammert.**

Die Benutzereingaben und Prädikate werden durch Kommata getrennt an den Pfeil angetragen.

(4) Komplexe Transition

Da Interaktionsdiagramme sehr schnell groß und unübersichtlich werden, wird ein Mechanismus zur **Verfeinerung** von komplexen Transitionen eingeführt. Verfeinerungen von komplexen Transitionen sind ein Hilfsmittel zur textuellen Strukturierung. Sie dienen dazu, ein IAN auf mehrere Seiten zu verteilen.

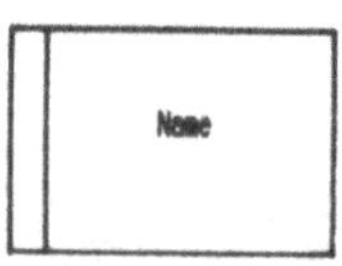

Abb. 5–3: Komplexe Transition

Name: Der NAME benennt die komplexe Transition. Die Verfeinerung, d.h. das Transitionsumrandete Netz, wird gesondert gezeichnet.

Auf eine komplexe Transition zeigt ein Pfeil. Von einer komplexen Transition weg führt genau ein unbenannter Pfeil auf einen Dialogzustand. Zustände können im IAN nicht verfeinert werden.

Eine **Verfeinerung** ist ein transitionsumrandetes Netz. Das heißt, daß alle in dieses Netz führenden Pfeile zu einer Transition führen und alle das Netz verlassenden Pfeile von Transitionen kommen.

Für den Verfeinerungsrumpf gelten die üblichen Regeln für IAN's. Ein Verfeinerungsrumpf darf wieder komplexe Transitionen enthalten.

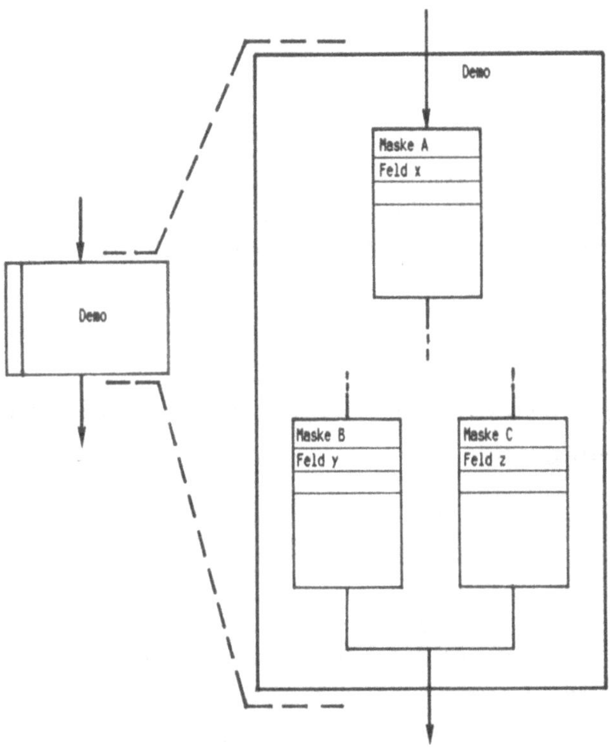

Abb. 5–4: Verfeinerung (Beispiel)

(5) Shortcut

In vielen Dialogzuständen ist es sinnvoll, beispielsweise direkt in das Hauptmenü überzugehen, das heißt, eine Abkürzung (SHORTCUT) vorzunehmen. Dies kann auch innerhalb der Auflösung einer Verfeinerung notwendig werden. Man will die Verfeinerung zu einem anderen als dem eigentlich folgenden

Dialogzustand hin verlassen. Aufgrund der Transitionsumrandung kann die Auflösung nur zu einem Zustand hin verlassen werden.

Es wird deshalb der Mechanismus des SHORTCUT eingeführt. Anstatt eine Transition aufzuführen, wird eine Transition referenziert, die sich an anderer Stelle im Interaktions-Netz befindet. Dies geschieht formal durch das Ausdrucksmittel SHORTCUT.

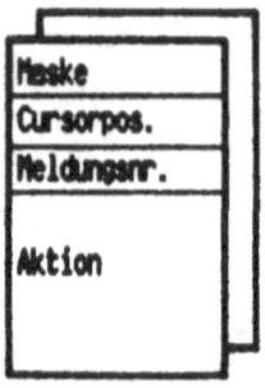

Abb. 5–5: Shortcut

Es wird nicht vermerkt, welche Transition einem Dialogzustand vorausgeht. Kommt man durch einen Shortcut zu einem Zustand, gibt es keinen impliziten Rücksprung. Dieser müßte explizit durch einen weiteren Shortcut realisiert werden.

5.3 Entwurf und Darstellung der Dialog-Schnittstelle mit Interaktions-Netzen

In diesem Abschnitt erfolgt der Entwurf und die detaillierte Darstellung der Dialog-Schnittstelle des in Kapitel 4 konzipierten büroorientierten Dokumenten-Retrievalsystems mittels der zuvor beschriebenen Interaktions-Netze.

Zur leichteren Orientierung in den einzelnen Netzbeschreibungen (siehe Abschnitt 5.3.2) wird diesen die entworfene Netz-Hierarchie (Verfeinerungen) vorangestellt (siehe Abschnitt 5.3.1).

Die Abschnitte 5.3.3 bis 5.3.5 enthalten die Beschreibungen der in den Transitionen der Interaktions-Netzen referenzierten Bildschirmformulare und Fenster, sowie die verwendeten Systemmeldungen.

5.3.1 Netz-Hierarchie der Einzeldiagramme

Da Interaktions-Netzen als Beschreibungsmittel für Dialog-Schnittstellen eine Verfeinerungstechnik zugrundeliegt, wird zur leichteren Lesbarkeit die Netz-Hierarchie den Einzeldiagrammen vorangestellt (siehe Abb. 5–6). In der

Darstellung der Netz-Hierarchie sind SHORTCUT-Übergänge nicht explizit enthalten, da sie die Lesbarkeit der Darstellung beeinträchtigen. Das in der Darstellung verwendete Numerierungsschema repräsentiert die Stufen der Verfeinerung der Einzeldiagramme. Diese Numerierung – wie auch die Bezeichnungen – referenzieren die Einzeldiagramme im folgenden Abschnitt.

5.3.2 Interaktions-Netze (Einzeldiagramme)

Auf den folgenden Seiten werden die Einzeldiagramme (Interaktions-Netze) der konzipierten Dialog-Schnittstelle dargestellt. Da einige Funktionen in jedem Systemzustand gleich definiert sind, werden diese in den Einzeldiagrammen nicht explizit aufgeführt, sondern in separaten Diagrammen beschrieben. Dies gilt für:

- die **Hilfe-Funktion,**
- die **Plausibilitätskontrolle** der Benutzer-Eingaben,
- die **Abbruch-Funktion** (Undo) und
- dem **Blättern und Selektieren** in Fenstern.

In den Abb. 5–7a und 5–7b sind die oben genannten Funktionen definiert, sie gelten sinngemäß in allen Einzeldiagrammen, ohne daß sie dort explizit aufgeführt werden.

Da die Einzeldiagramme bereits Referenznummern enthalten – diese repräsentieren die Stellung in der Netz-Hierarchie – , ist hierbei auf eine zusätzliche kapitelbezogene Numerierung verzichtet worden.

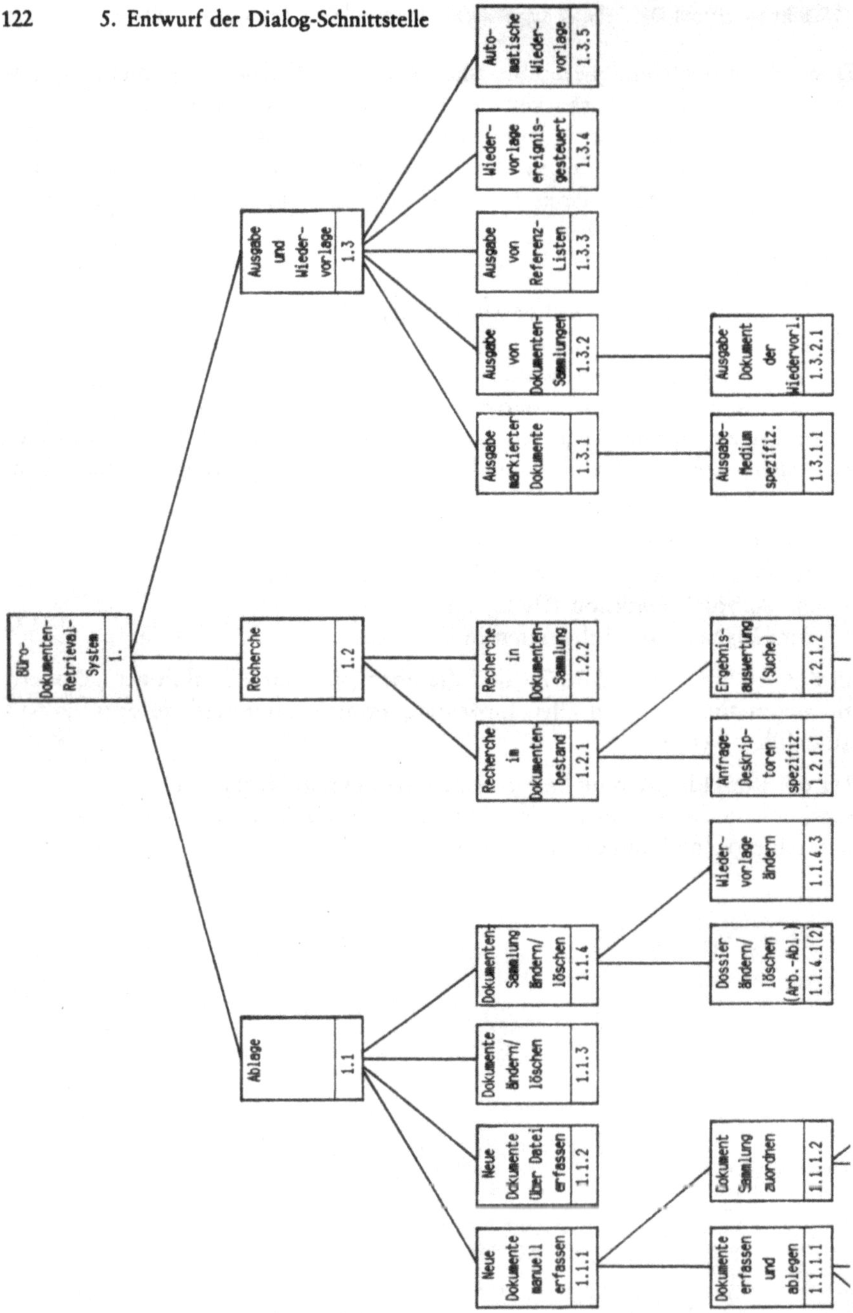
Büro-Dokumenten-Retrieval-System 1.
Ablage 1.1
Recherche 1.2
Ausgabe und Wieder-vorlage 1.3
Neue Dokumente manuell erfassen 1.1.1
Neue Dokumente über Datei erfassen 1.1.2
Dokumente ändern/löschen 1.1.3
Dokumenten-Sammlung ändern/löschen 1.1.4
Recherche im Dokumenten-bestand 1.2.1
Recherche in Dokumenten-Sammlung 1.2.2
Ausgabe markierter Dokumente 1.3.1
Ausgabe von Dokumenten-Sammlungen 1.3.2
Ausgabe von Referenz-Listen 1.3.3
Wieder-vorlage ereignis-gesteuert 1.3.4
Auto-matische Wieder-vorlage 1.3.5
Dokumente erfassen und ablegen 1.1.1.1
Dokument Sammlung zuordnen 1.1.1.2
Dossier ändern/löschen (Arb.-Abl.) 1.1.4.1(2)
Wieder-vorlage ändern 1.1.4.3
Anfrage-Deskrip-toren spezifiz. 1.2.1.1
Ergebnis-auswertung (Suche) 1.2.1.2
Ausgabe-Medium spezifiz. 1.3.1.1
Ausgabe Dokument der Wiedervorl. 1.3.2.1

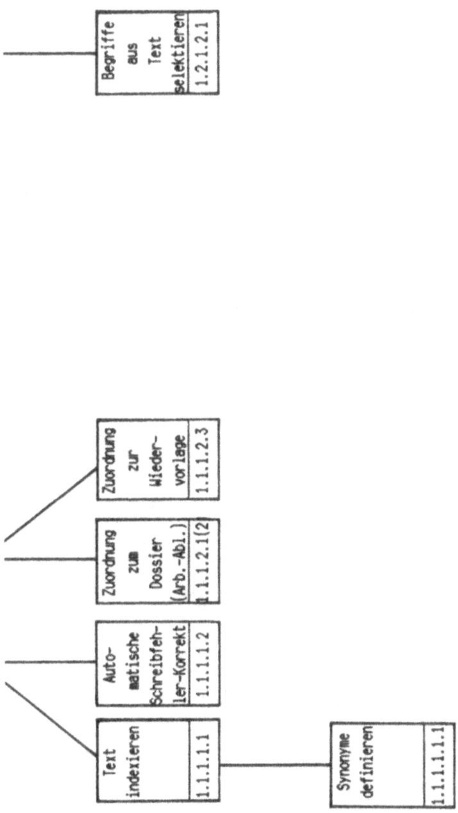

Abb. 5–6: Hierarchie der Einzeldiagramme

Hilfe-Funktion

Die Aktivierung der Hilfe-Funktion geschieht über die Funktionstaste F1 nach folgendem Schema.

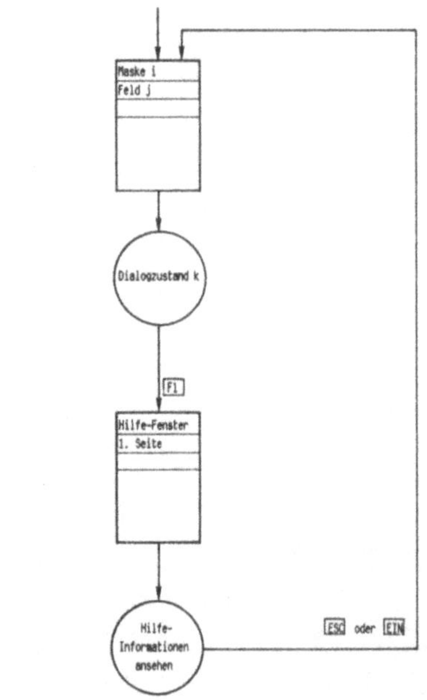

Plausibilitätsfehler

Fehler dieser Art werden mit entsprechenden Meldungen diagnostiziert, das System ermöglicht grundsätzlich die Eingabekorrektur nach folgendem Schema.

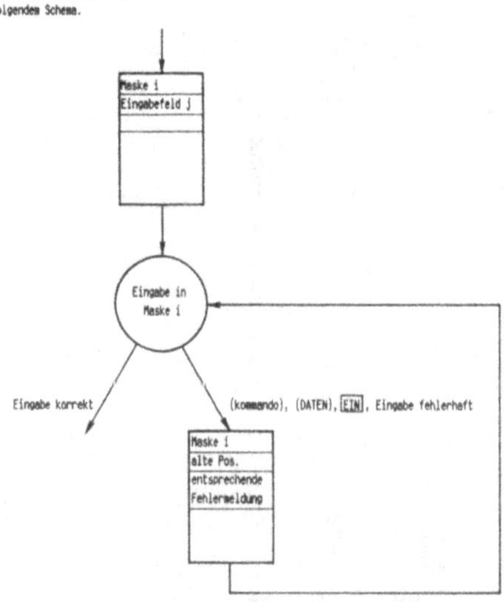

Abb. 5–7a: Im System implizit vorhandene Funktionen

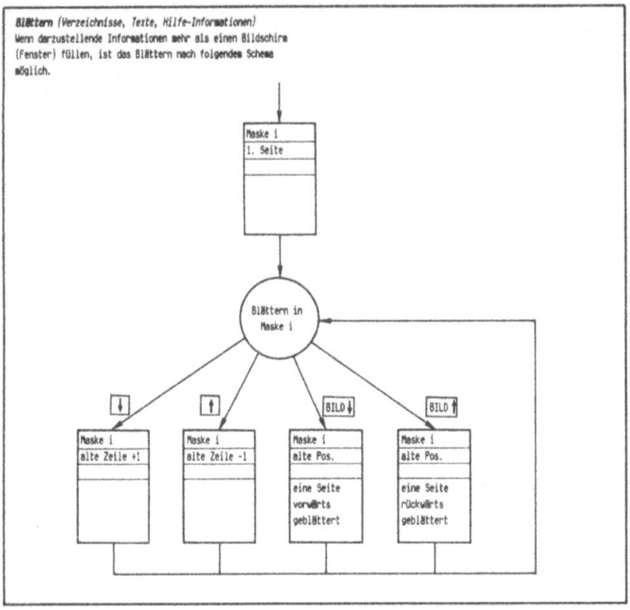

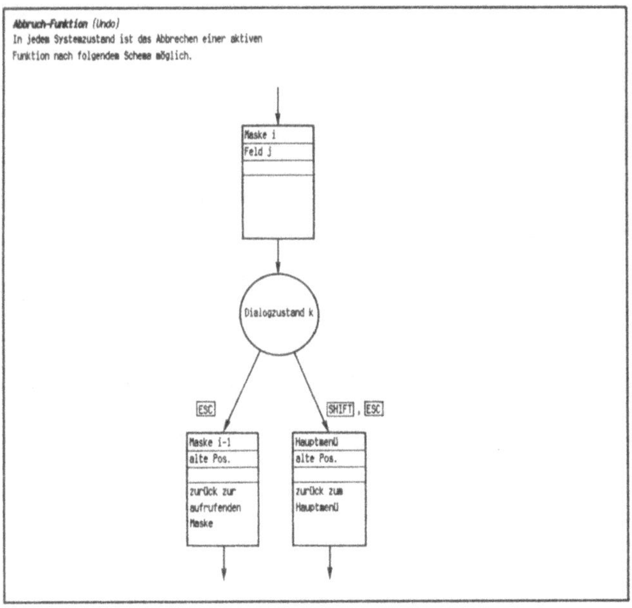

Abb. 5–7b: Im System implizit vorhandene Funktionen

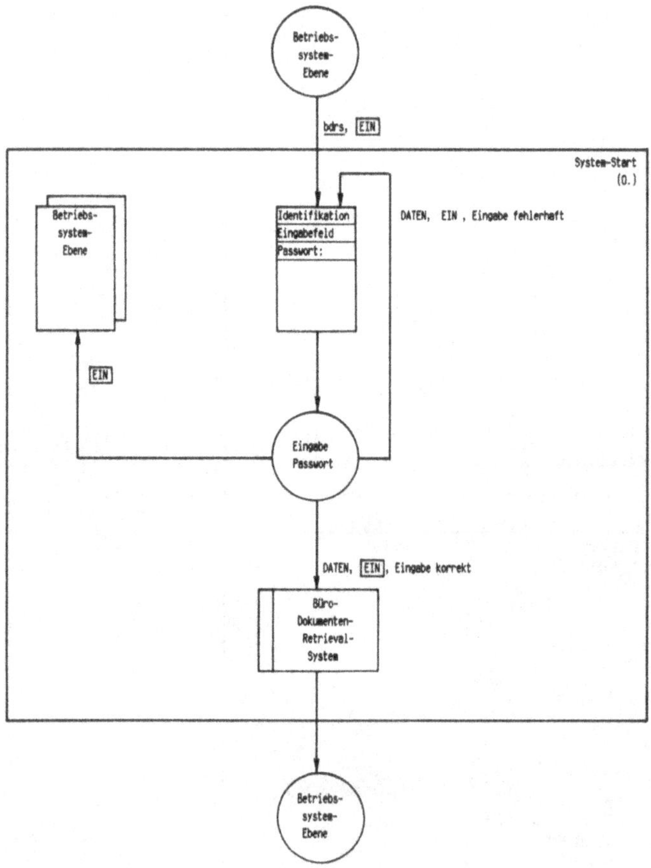
Betriebs-
system-
Ebene
bdrs, EIN
System-Start
(0.)
Betriebs-
system-
Ebene
Identifikation
Eingabefeld
Passwort:
DATEN, EIN , Eingabe fehlerhaft
EIN
Eingabe
Passwort
DATEN, EIN, Eingabe korrekt
Büro-
Dokumenten-
Retrieval-
System
Betriebs-
system-
Ebene

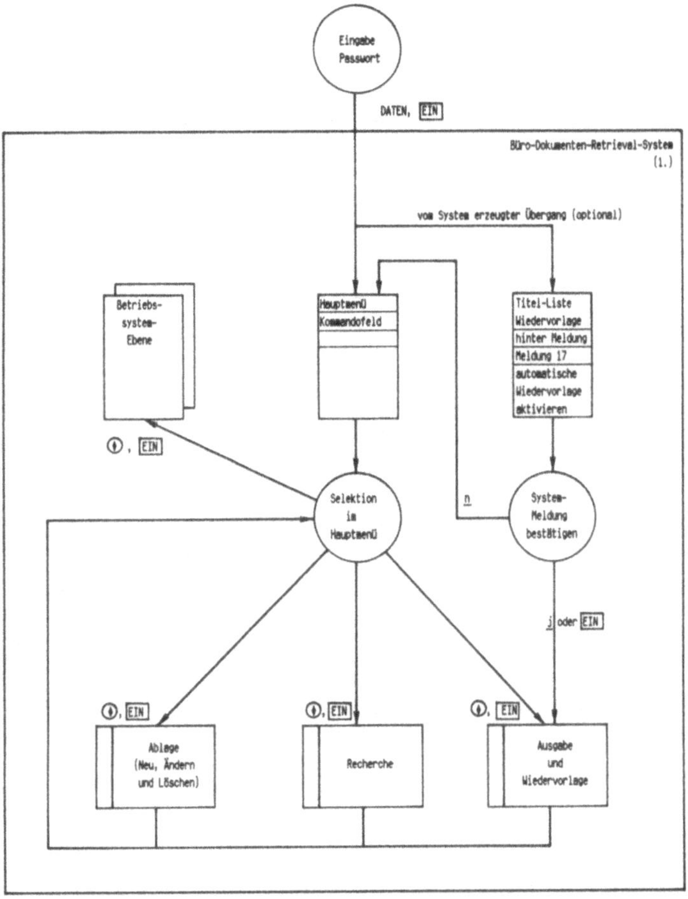
Eingabe Passwort
DATEN, EIN
Büro-Dokumenten-Retrieval-System
(1.)
vom System erzeugter Übergang (optional)
Betriebs-system-Ebene
Hauptmenü
Kommandofeld
Titel-Liste
Wiedervorlage
hinter Meldung
Meldung 17
automatische Wiedervorlage aktivieren
Selektion im Hauptmenü
n
System-Meldung bestätigen
j oder EIN
Ablage (Neu, Ändern und Löschen)
Recherche
Ausgabe und Wiedervorlage

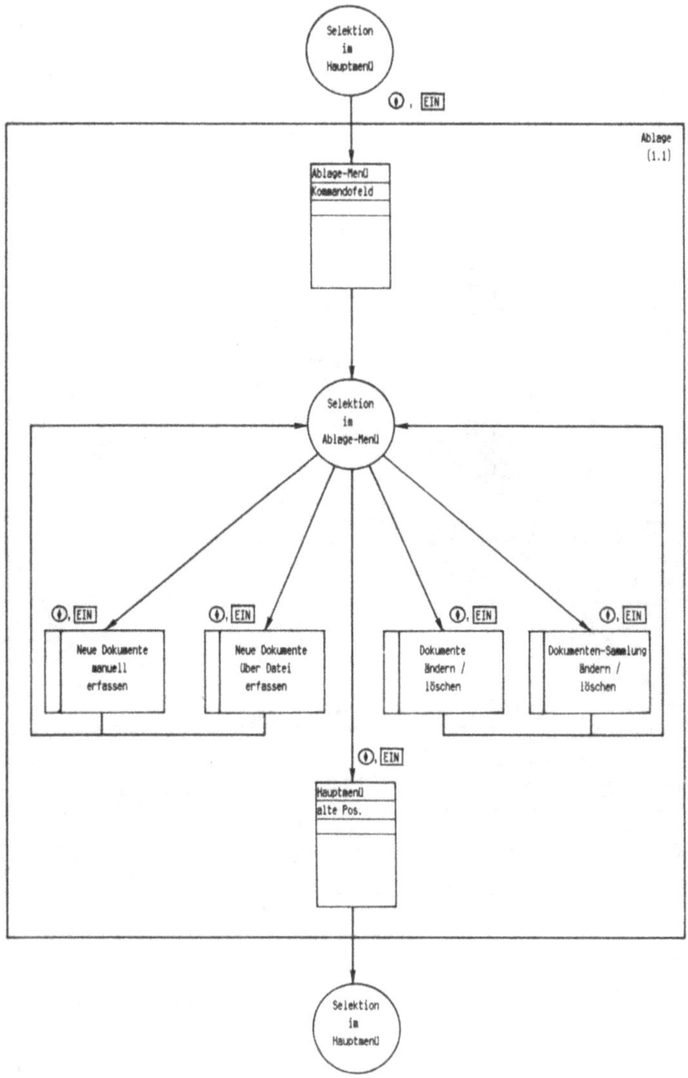
Selektion
im
Hauptmenü
EIN
Ablage
(1.1)
Ablage-Menü
Kommandofeld
Selektion
im
Ablage-Menü
EIN
Neue Dokumente
manuell
erfassen
EIN
Neue Dokumente
über Datei
erfassen
EIN
Dokumente
ändern /
löschen
EIN
Dokumenten-Sammlung
ändern /
löschen
EIN
Hauptmenü
alte Pos.
Selektion
im
Hauptmenü

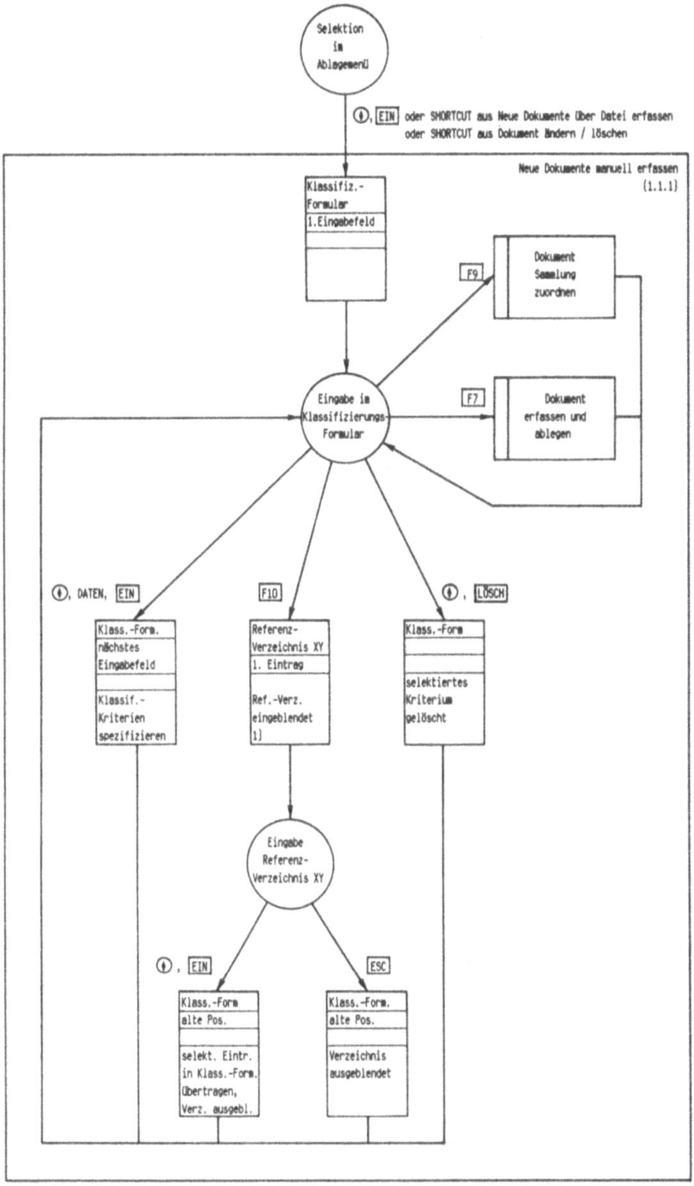

1) Zur Anzeige gelangt jeweils das Verzeichnis des Ablage-Kriteriums, auf dessen Eingabefeld der Cursor positioniert ist.

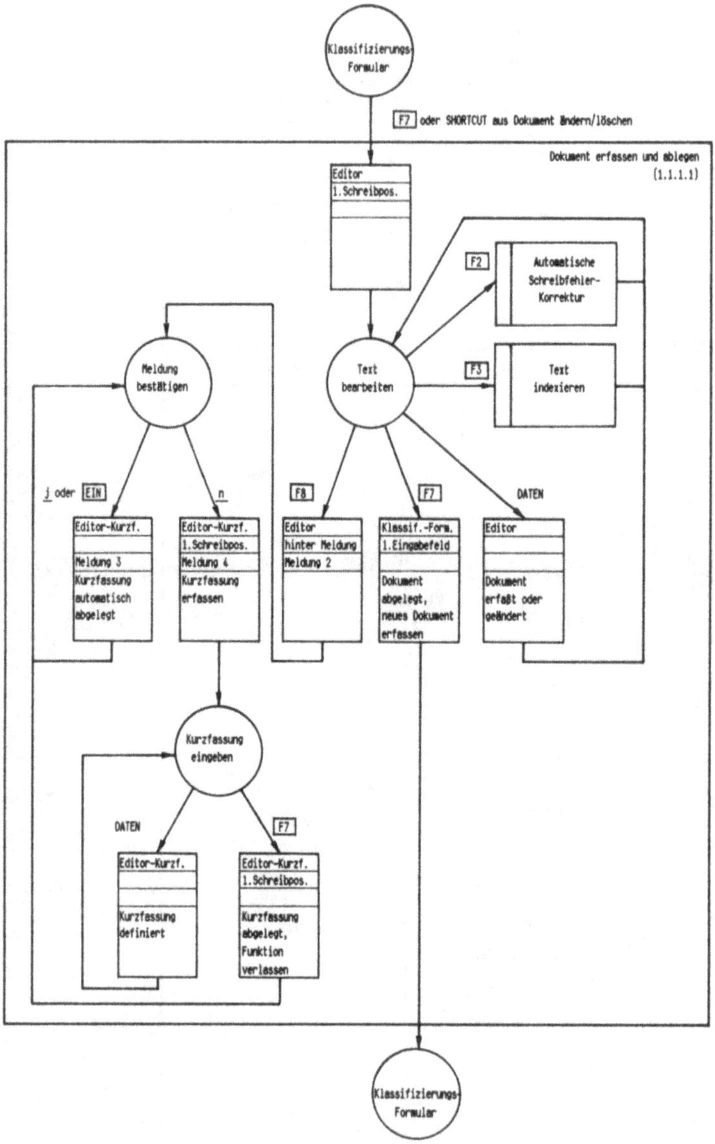
Klassifizierungs-Formular
F7 oder SHORTCUT aus Dokument ändern/löschen
Dokument erfassen und ablegen (1.1.1.1)
Editor
1.Schreibpos.
F2
Automatische Schreibfehler-Korrektur
F3
Text indexieren
Meldung bestätigen
Text bearbeiten
j oder EIN
n
F8
F7
DATEN
Editor-Kurzf.
Meldung 3
Kurzfassung automatisch abgelegt
Editor-Kurzf.
1.Schreibpos.
Meldung 4
Kurzfassung erfassen
Editor
hinter Meldung
Meldung 2
Klassif.-Form.
1.Eingabefeld
Dokument abgelegt, neues Dokument erfassen
Editor
Dokument erfaßt oder geändert
Kurzfassung eingeben
DATEN
F7
Editor-Kurzf.
Kurzfassung definiert
Editor-Kurzf.
1.Schreibpos.
Kurzfassung abgelegt, Funktion verlassen
Klassifizierungs-Formular

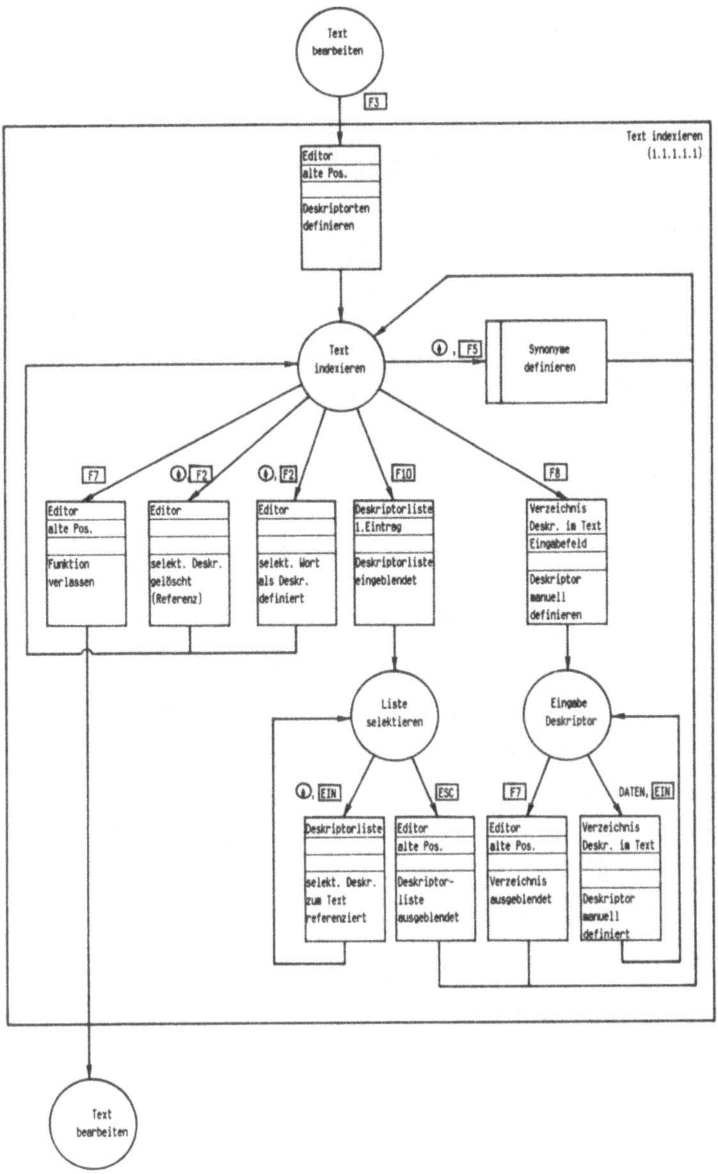
Text bearbeiten
F3
Text indexieren (1.1.1.1.1)
Editor
alte Pos.
Deskriptorten definieren
Text indexieren
F5
Synonyme definieren
F7
F2
F2
F10
F8
Editor
alte Pos.
Funktion verlassen
Editor
selekt. Deskr. gelöscht (Referenz)
Editor
selekt. Wort als Deskr. definiert
Deskriptorliste
1.Eintrag
Deskriptorliste eingeblendet
Verzeichnis Deskr. im Text
Eingabefeld
Deskriptor manuell definieren
Liste selektieren
Eingabe Deskriptor
EIN
ESC
F7
DATEN, EIN
Deskriptorliste
selekt. Deskr. zum Text referenziert
Editor
alte Pos.
Deskriptor-liste ausgeblendet
Editor
alte Pos.
Verzeichnis ausgeblendet
Verzeichnis Deskr. im Text
Deskriptor manuell definiert
Text bearbeiten

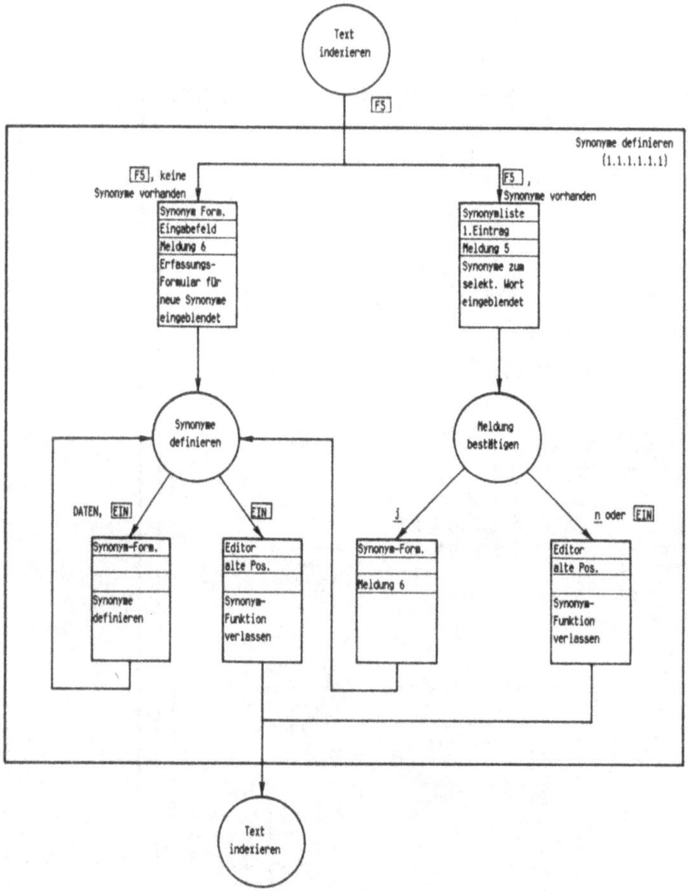
Text indexieren
F5
Synonyme definieren (1.1.1.1.1.1)
F5, keine Synonyme vorhanden
F5, Synonyme vorhanden
Synonym Form.
Eingabefeld
Meldung 6
Erfassungs-Formular für neue Synonyme eingeblendet
Synonymliste
1.Eintrag
Meldung 5
Synonyme zum selekt. Wort eingeblendet
Synonyme definieren
Meldung bestätigen
DATEN, EIN
EIN
j
n oder EIN
Synonym-Form.
Synonyme definieren
Editor
alte Pos.
Synonym-Funktion verlassen
Synonym-Form.
Meldung 6
Editor
alte Pos.
Synonym-Funktion verlassen
Text indexieren

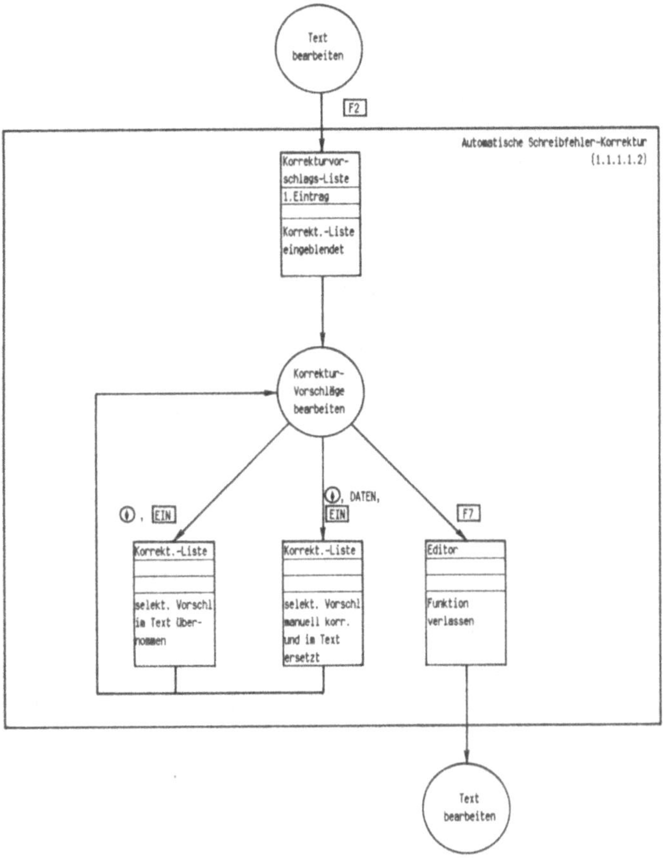
Text
bearbeiten
F2
Automatische Schreibfehler-Korrektur
(1.1.1.1.2)
Korrekturvor-
schlags-Liste
1.Eintrag
Korrekt.-Liste
eingeblendet
Korrektur-
Vorschläge
bearbeiten
EIN
DATEN,
EIN
F7
Korrekt.-Liste
selekt. Vorschl
im Text über-
nommen
Korrekt.-Liste
selekt. Vorschl
manuell korr.
und im Text
ersetzt
Editor
Funktion
verlassen
Text
bearbeiten

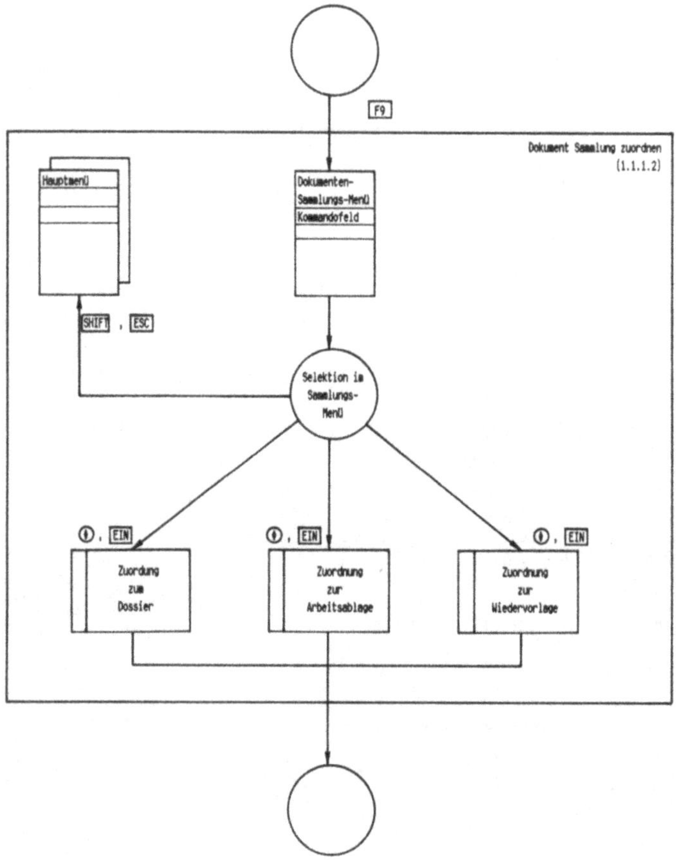
F9
Dokument Sammlung zuordnen
(1.1.1.2)
Hauptmenü
Dokumenten-
Sammlungs-Menü
Kommandofeld
SHIFT , ESC
Selektion im
Sammlungs-
Menü
EIN
EIN
EIN
Zuordung
zum
Dossier
Zuordnung
zur
Arbeitsablage
Zuordnung
zur
Wiedervorlage

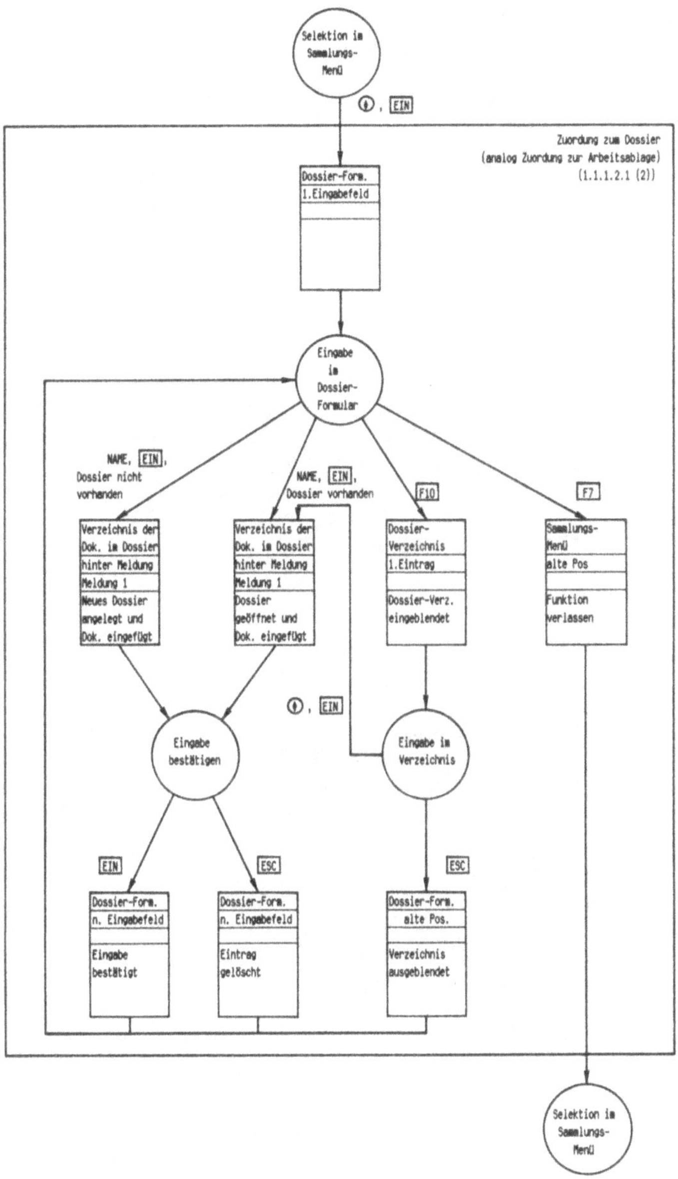
Selektion im Sammlungs-Menü
EIN
Zuordung zum Dossier (analog Zuordung zur Arbeitsablage) (1.1.1.2.1 (2))
Dossier-Form.
1.Eingabefeld
Eingabe im Dossier-Formular
NAME, EIN, Dossier nicht vorhanden
NAME, EIN, Dossier vorhanden
F10
F7
Verzeichnis der Dok. im Dossier
hinter Meldung
Meldung 1
Neues Dossier angelegt und Dok. eingefügt
Verzeichnis der Dok. im Dossier
hinter Meldung
Meldung 1
Dossier geöffnet und Dok. eingefügt
Dossier-Verzeichnis
1.Eintrag
Dossier-Verz. eingeblendet
Sammlungs-Menü
alte Pos
Funktion verlassen
EIN
Eingabe bestätigen
Eingabe im Verzeichnis
EIN
ESC
ESC
Dossier-Form.
n. Eingabefeld
Eingabe bestätigt
Dossier-Form.
n. Eingabefeld
Eintrag gelöscht
Dossier-Form.
alte Pos.
Verzeichnis ausgeblendet
Selektion im Sammlungs-Menü

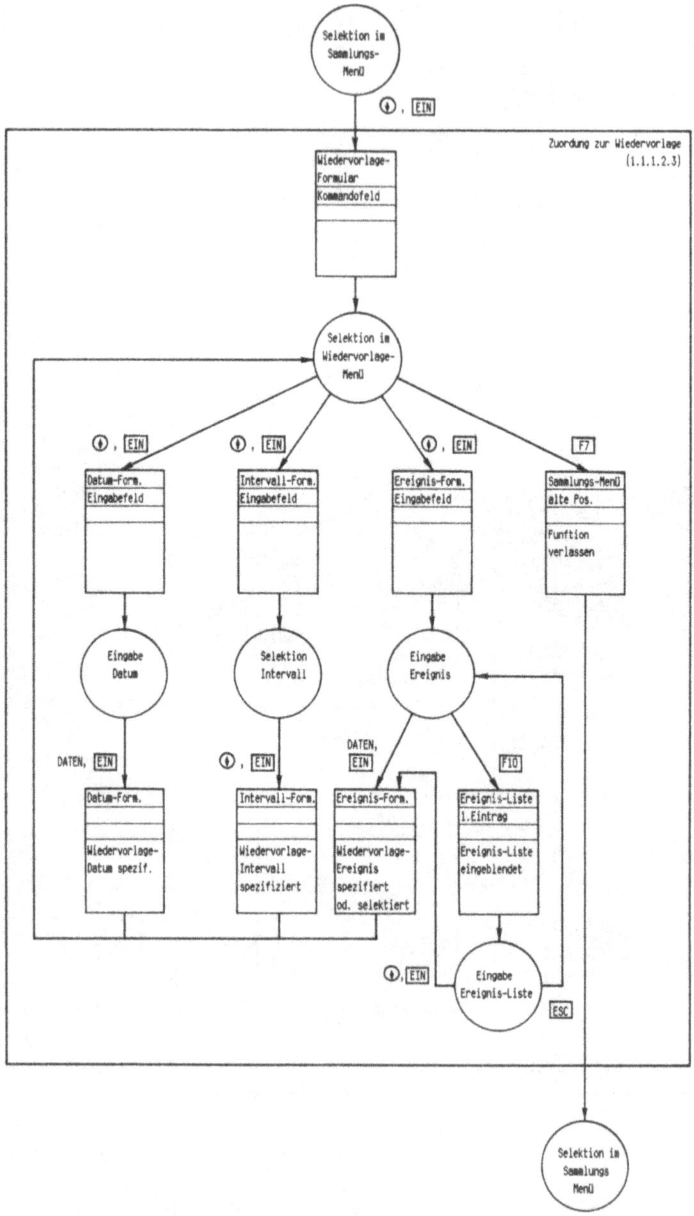

Selektion im Sammlungs-Menü
EIN
Zuordung zur Wiedervorlage (1.1.1.2.3)
Wiedervorlage-Formular
Kommandofeld
Selektion im Wiedervorlage-Menü
EIN
EIN
EIN
F7
Datum-Form.
Eingabefeld
Intervall-Form.
Eingabefeld
Ereignis-Form.
Eingabefeld
Sammlungs-Menü
alte Pos.
Funftion verlassen
Eingabe Datum
Selektion Intervall
Eingabe Ereignis
DATEN, EIN
EIN
DATEN, EIN
F10
Datum-Form.
Wiedervorlage-Datum spezif.
Intervall-Form.
Wiedervorlage-Intervall spezifiziert
Ereignis-Form.
Wiedervorlage-Ereignis spezifiert od. selektiert
Ereignis-Liste
1.Eintrag
Ereignis-Liste eingeblendet
EIN
Eingabe Ereignis-Liste
ESC
Selektion im Sammlungs Menü

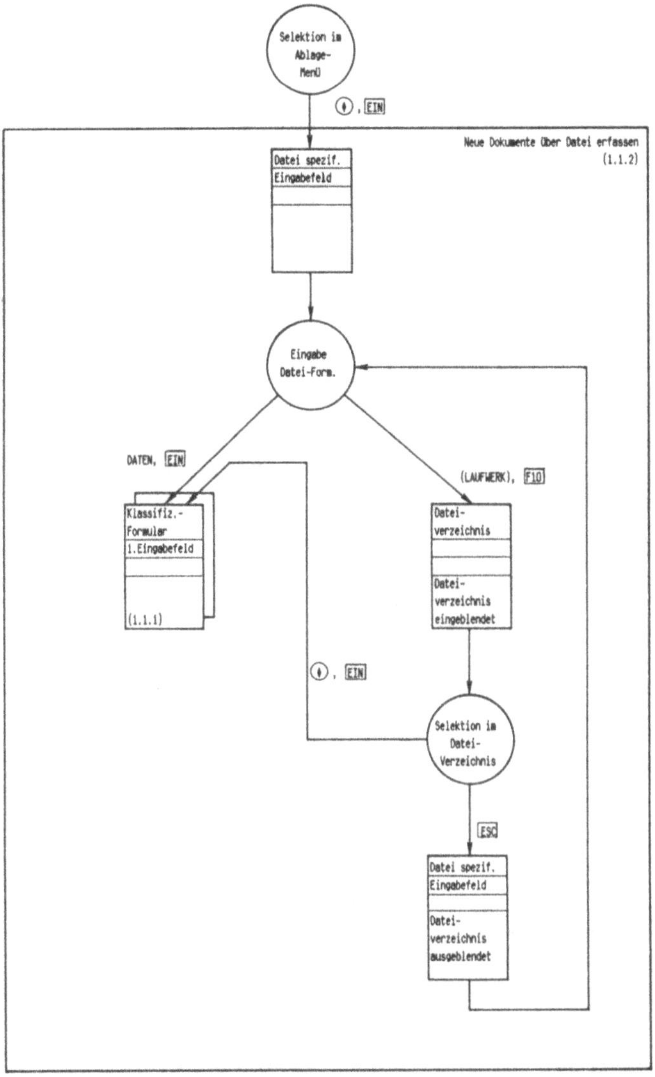
Selektion im Ablage-Menü
EIN
Neue Dokumente über Datei erfassen
(1.1.2)
Datei spezif.
Eingabefeld
Eingabe Datei-Form.
DATEN, EIN
(LAUFWERK), F10
Klassifiz.-Formular
1.Eingabefeld
(1.1.1)
Datei-verzeichnis
Datei-verzeichnis eingeblendet
EIN
Selektion im Datei-Verzeichnis
ESC
Datei spezif.
Eingabefeld
Datei-verzeichnis ausgeblendet

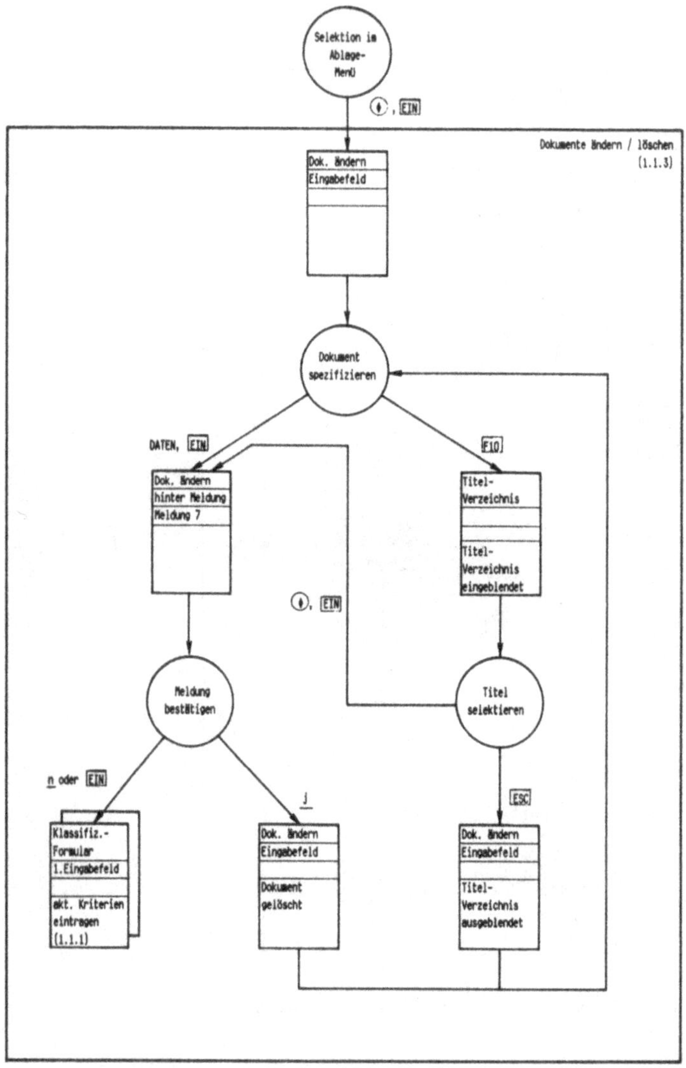

Selektion im Ablage-Menü
↓, EIN
Dokumente ändern / löschen (1.1.3)
Dok. ändern
Eingabefeld
Dokument spezifizieren
DATEN, EIN
F10
Dok. ändern
hinter Meldung
Meldung 7
Titel-Verzeichnis
Titel-Verzeichnis eingeblendet
↓, EIN
Meldung bestätigen
Titel selektieren
n oder EIN
j
ESC
Klassifiz.-Formular
1.Eingabefeld
akt. Kriterien eintragen (1.1.1)
Dok. ändern
Eingabefeld
Dokument gelöscht
Dok. ändern
Eingabefeld
Titel-Verzeichnis ausgeblendet

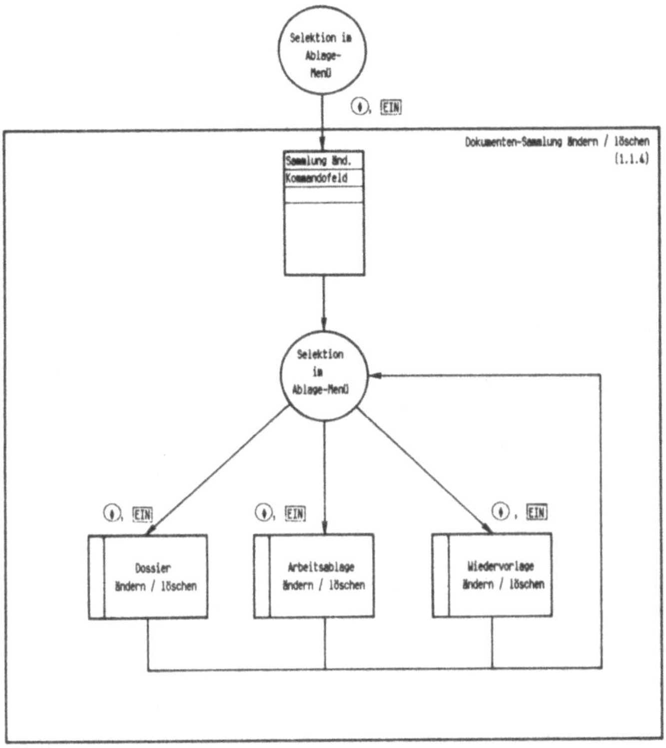
Selektion im Ablage-Menü
EIN
Dokumenten-Sammlung ändern / löschen
(1.1.4)
Sammlung änd.
Kommandofeld
Selektion im Ablage-Menü
EIN
EIN
EIN
Dossier ändern / löschen
Arbeitsablage ändern / löschen
Wiedervorlage ändern / löschen

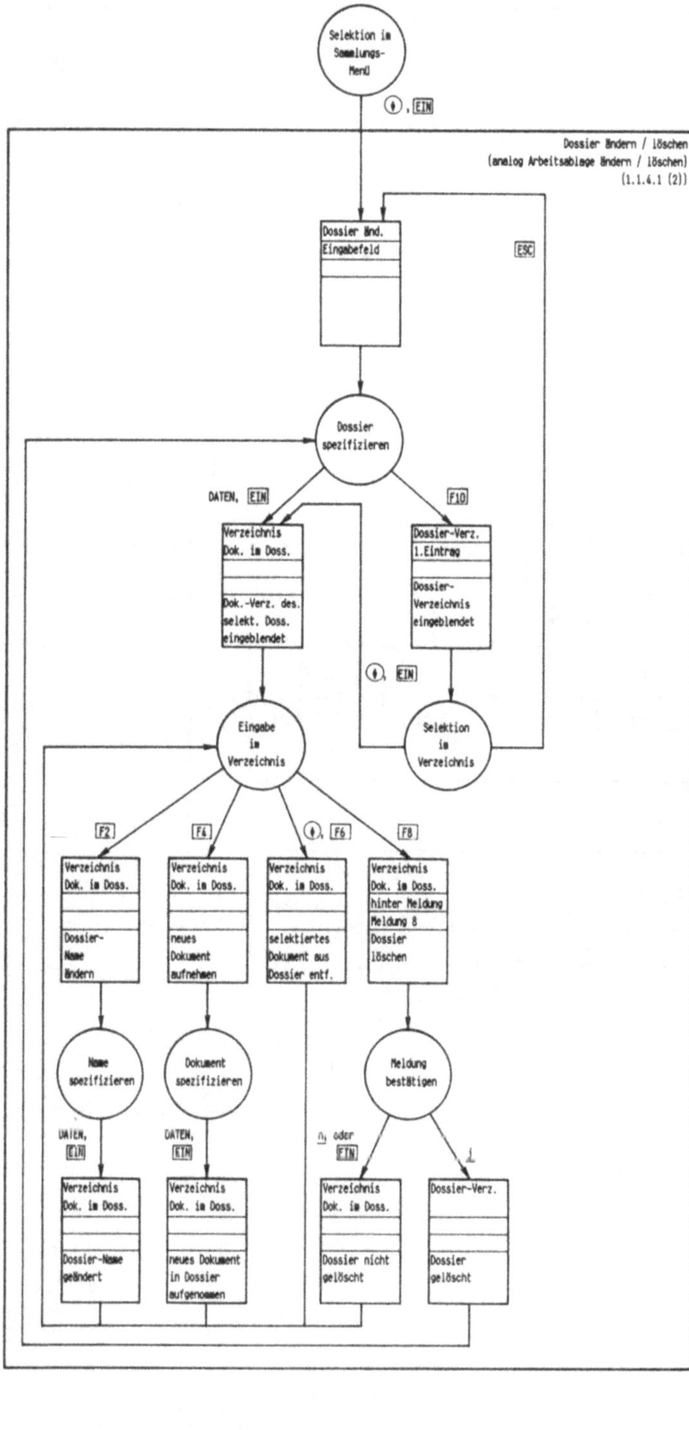
Selektion im Sammlungs-Menü
EIN
Dossier ändern / löschen
(analog Arbeitsablage ändern / löschen)
(1.1.4.1 (2))
Dossier änd.
Eingabefeld
ESC
Dossier spezifizieren
DATEN, EIN
F10
Verzeichnis Dok. im Doss.
Dok.-Verz. des selekt. Doss. eingeblendet
Dossier-Verz. 1.Eintrag
Dossier-Verzeichnis eingeblendet
EIN
Eingabe im Verzeichnis
Selektion im Verzeichnis
F2
F4
F6
F8
Verzeichnis Dok. im Doss.
Dossier-Name ändern
Verzeichnis Dok. im Doss.
neues Dokument aufnehmen
Verzeichnis Dok. im Doss.
selektiertes Dokument aus Dossier entf.
Verzeichnis Dok. im Doss.
hinter Meldung
Meldung 8
Dossier löschen
Name spezifizieren
Dokument spezifizieren
Meldung bestätigen
DATEN, EIN
DATEN, EIN
n, oder EIN
j
Verzeichnis Dok. im Doss.
Dossier-Name geändert
Verzeichnis Dok. im Doss.
neues Dokument in Dossier aufgenommen
Verzeichnis Dok. im Doss.
Dossier nicht gelöscht
Dossier-Verz.
Dossier gelöscht

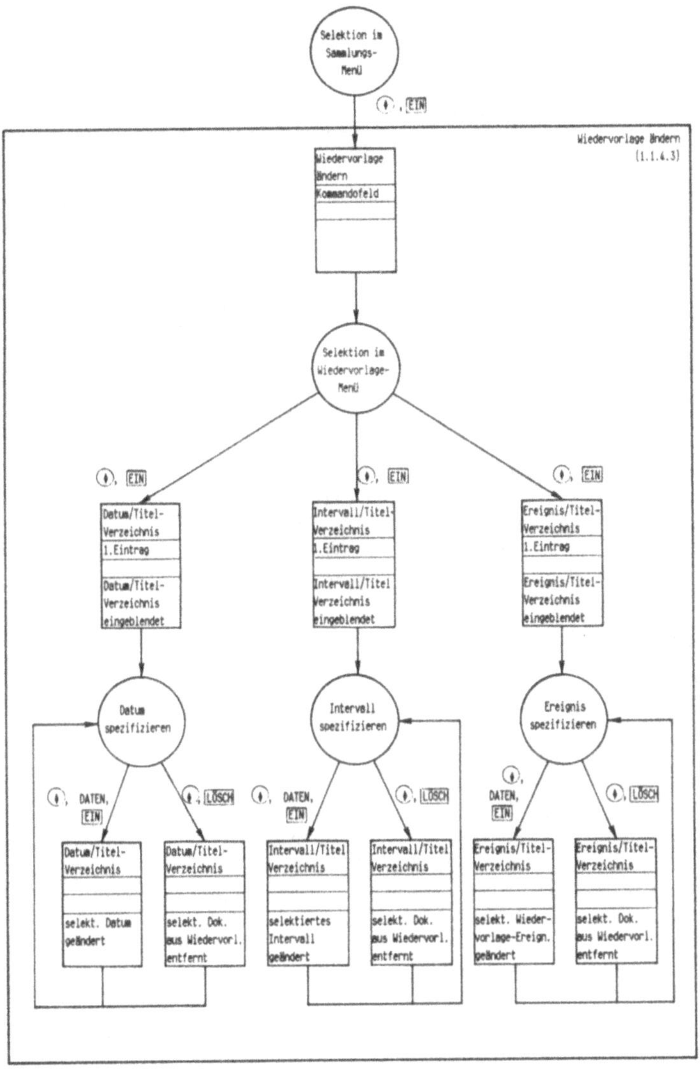
Selektion im Sammlungs-Menü
EIN
Wiedervorlage ändern
(1.1.4.3)
Wiedervorlage ändern
Kommandofeld
Selektion im Wiedervorlage-Menü
EIN
EIN
EIN
Datum/Titel-Verzeichnis
1.Eintrag
Datum/Titel-Verzeichnis eingeblendet
Intervall/Titel-Verzeichnis
1.Eintrag
Intervall/Titel Verzeichnis eingeblendet
Ereignis/Titel-Verzeichnis
1.Eintrag
Ereignis/Titel-Verzeichnis eingeblendet
Datum spezifizieren
Intervall spezifizieren
Ereignis spezifizieren
DATEN, EIN
LÖSCH
DATEN, EIN
LÖSCH
DATEN, EIN
LÖSCH
Datum/Titel-Verzeichnis
selekt. Datum geändert
Datum/Titel-Verzeichnis
selekt. Dok. aus Wiedervorl. entfernt
Intervall/Titel Verzeichnis
selektiertes Intervall geändert
Intervall/Titel Verzeichnis
selekt. Dok. aus Wiedervorl. entfernt
Ereignis/Titel-Verzeichnis
selekt. Wieder-vorlage-Ereign. geändert
Ereignis/Titel-Verzeichnis
selekt. Dok. aus Wiedervorl. entfernt

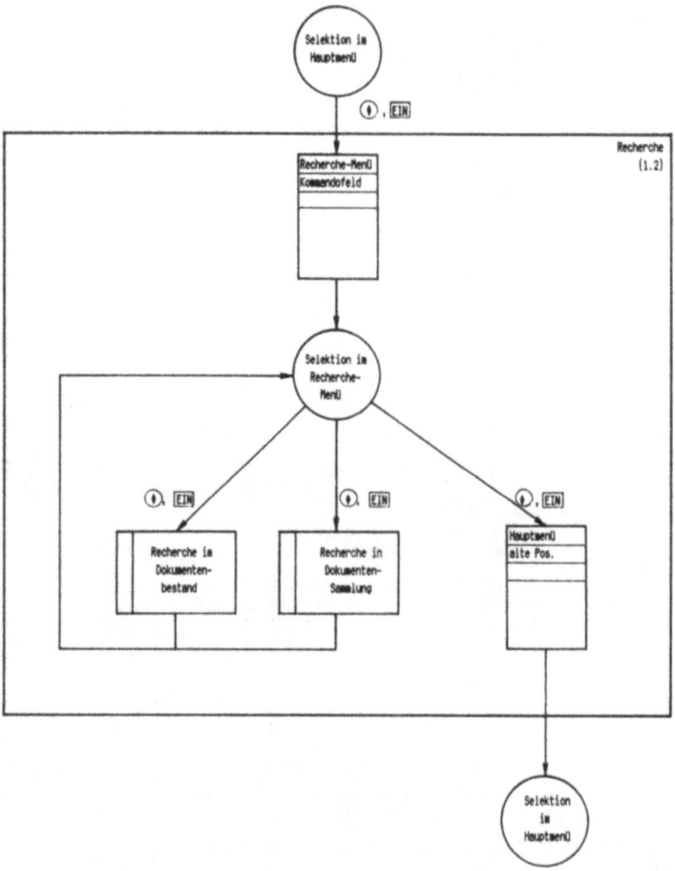

Selektion im Hauptmenü
EIN
Recherche (1.2)
Recherche-Menü
Kommandofeld
Selektion im Recherche-Menü
EIN
EIN
EIN
Recherche im Dokumentenbestand
Recherche in Dokumenten-Sammlung
Hauptmenü
alte Pos.
Selektion im Hauptmenü

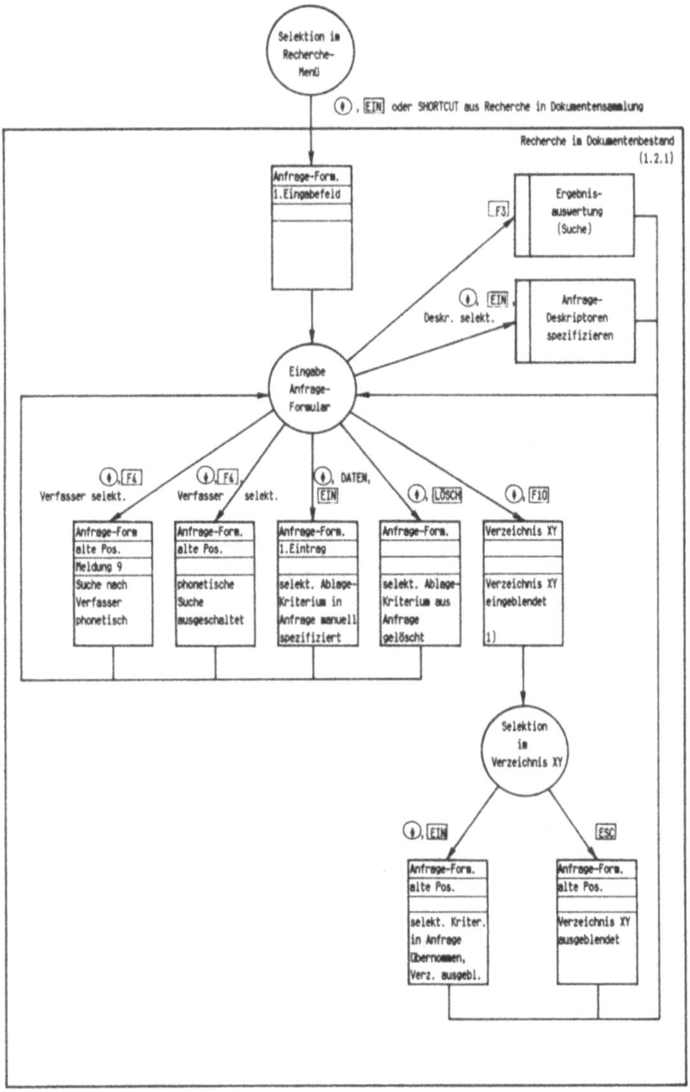
Selektion im Recherche-Menü
EIN oder SHORTCUT aus Recherche in Dokumentensammlung
Recherche im Dokumentenbestand (1.2.1)
Anfrage-Form.
1.Eingabefeld
F3
Ergebnis-auswertung (Suche)
EIN,
Deskr. selekt.
Anfrage-Deskriptoren spezifizieren
Eingabe Anfrage-Formular
F4
Verfasser selekt.
F4
Verfasser selekt.
DATEN,
EIN
LÖSCH
F10
Anfrage-Form
alte Pos.
Meldung 9
Suche nach Verfasser phonetisch
Anfrage-Form.
alte Pos.
phonetische Suche ausgeschaltet
Anfrage-Form.
1.Eintrag
selekt. Ablage-Kriterium in Anfrage manuell spezifiziert
Anfrage-Form.
selekt. Ablage-Kriterium aus Anfrage gelöscht
Verzeichnis XY
Verzeichnis XY eingeblendet
1)
Selektion im Verzeichnis XY
EIN
ESC
Anfrage-Form.
alte Pos.
selekt. Kriter. in Anfrage übernommen, Verz. ausgebl.
Anfrage-Form.
alte Pos.
Verzeichnis XY ausgeblendet

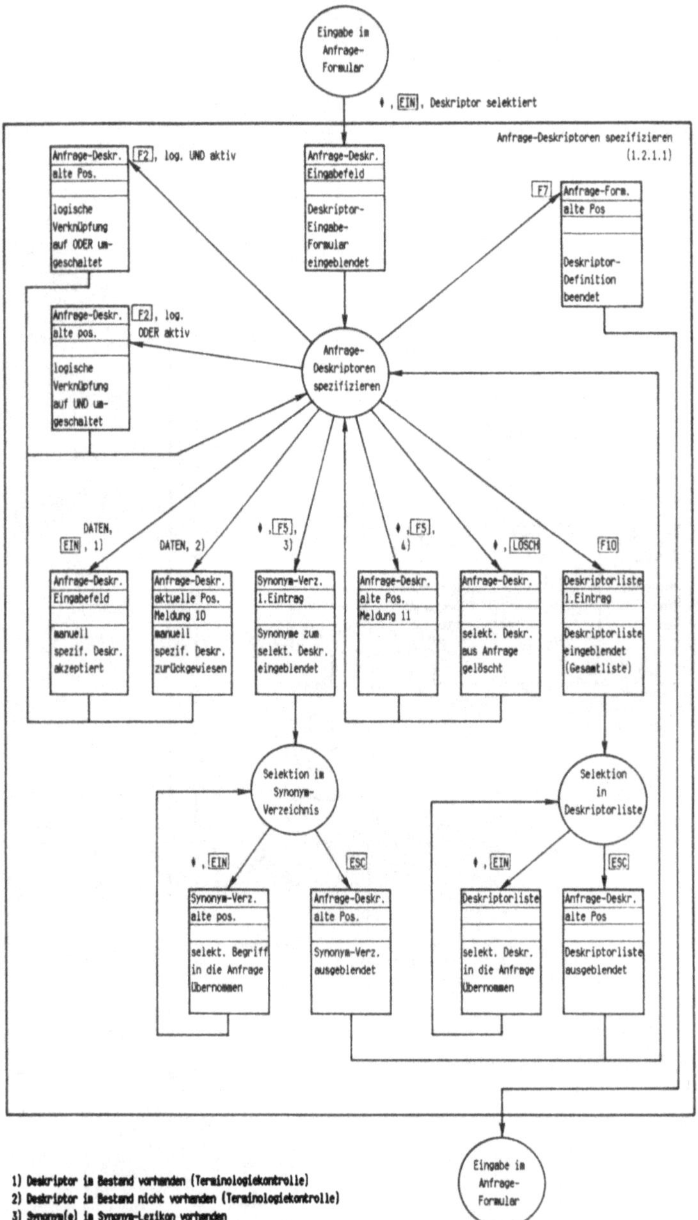

1) Deskriptor im Bestand vorhanden (Terminologiekontrolle)
2) Deskriptor im Bestand nicht vorhanden (Terminologiekontrolle)
3) Synonym(e) im Synonym-Lexikon vorhanden
4) Synonym(e) im Synonym-Lexikon nicht vorhanden

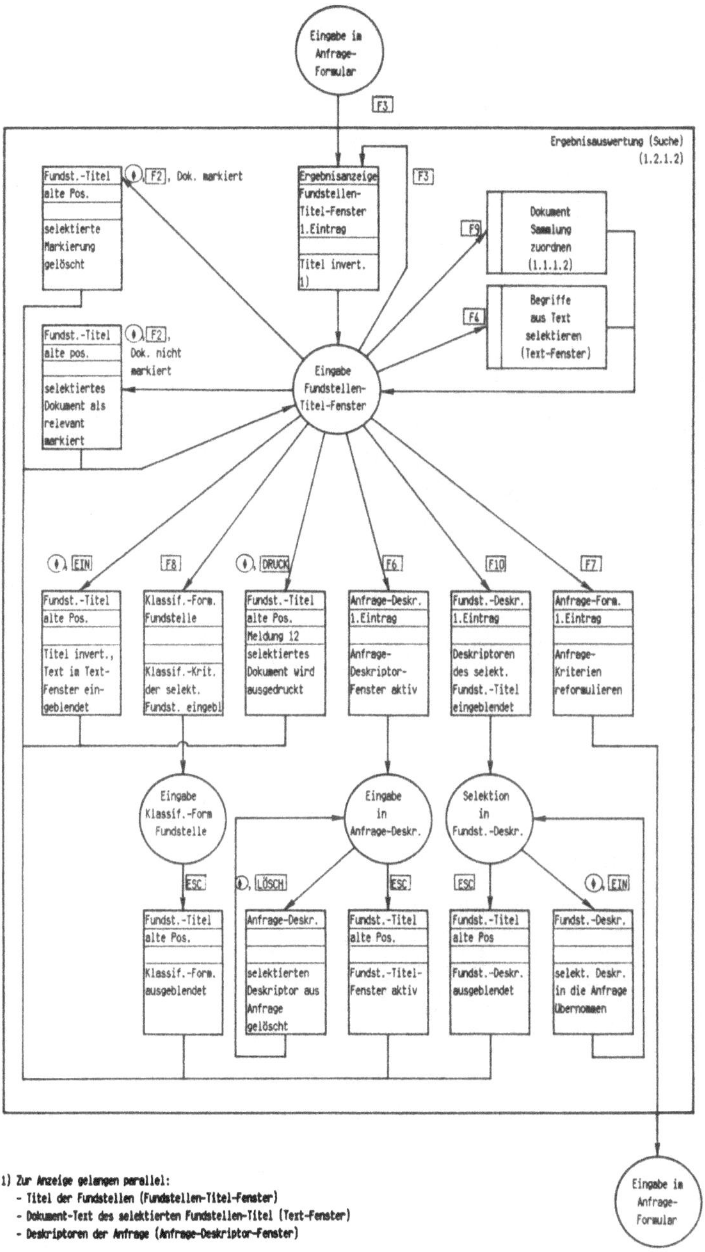

1) Zur Anzeige gelangen parallel:
- Titel der Fundstellen (Fundstellen-Titel-Fenster)
- Dokument-Text des selektierten Fundstellen-Titel (Text-Fenster)
- Deskriptoren der Anfrage (Anfrage-Deskriptor-Fenster)

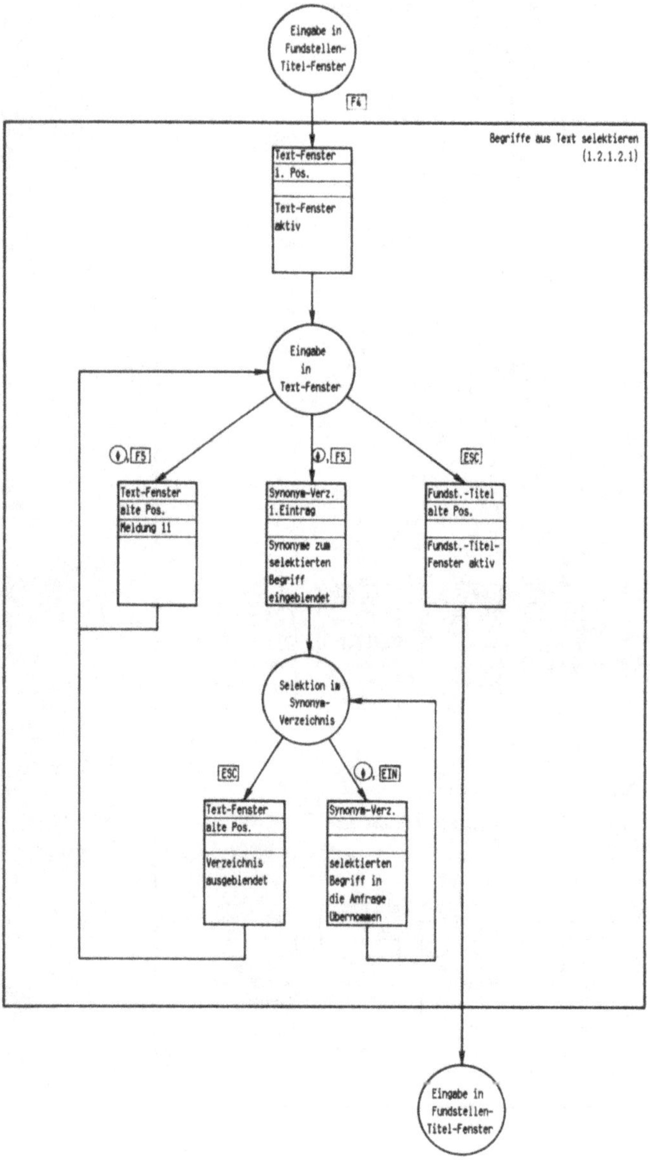
Eingabe in Fundstellen-Titel-Fenster
F4
Begriffe aus Text selektieren (1.2.1.2.1)
Text-Fenster
1. Pos.
Text-Fenster aktiv
Eingabe in Text-Fenster
F5
F5
ESC
Text-Fenster
alte Pos.
Meldung 11
Synonym-Verz.
1.Eintrag
Synonyme zum selektierten Begriff eingeblendet
Fundst.-Titel
alte Pos.
Fundst.-Titel-Fenster aktiv
Selektion im Synonym-Verzeichnis
ESC
EIN
Text-Fenster
alte Pos.
Verzeichnis ausgeblendet
Synonym-Verz.
selektierten Begriff in die Anfrage übernommen
Eingabe in Fundstellen-Titel-Fenster

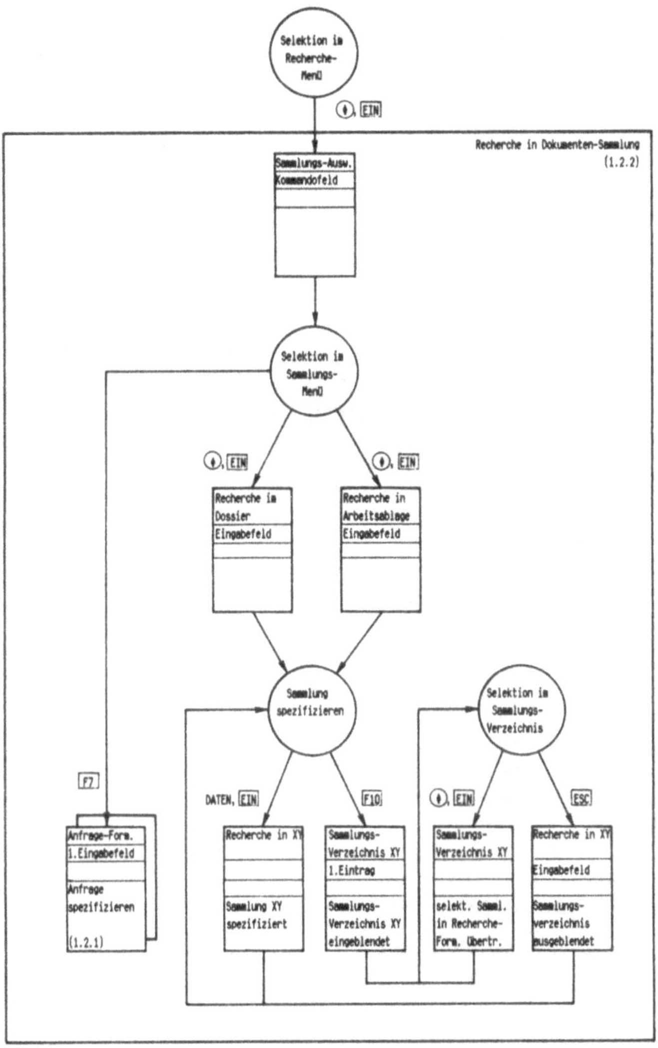
Selektion im Recherche-Menü
EIN
Recherche in Dokumenten-Sammlung (1.2.2)
Sammlungs-Ausw.
Kommandofeld
Selektion im Sammlungs-Menü
EIN
EIN
Recherche im Dossier
Eingabefeld
Recherche in Arbeitsablage
Eingabefeld
Sammlung spezifizieren
Selektion im Sammlungs-Verzeichnis
F7
DATEN, EIN
F10
EIN
ESC
Anfrage-Form.
1.Eingabefeld
Anfrage spezifizieren
(1.2.1)
Recherche in XY
Sammlung XY spezifiziert
Sammlungs-Verzeichnis XY
1.Eintrag
Sammlungs-Verzeichnis XY eingeblendet
Sammlungs-Verzeichnis XY
selekt. Samml. in Recherche-Form. übertr.
Recherche in XY
Eingabefeld
Sammlungs-verzeichnis ausgeblendet

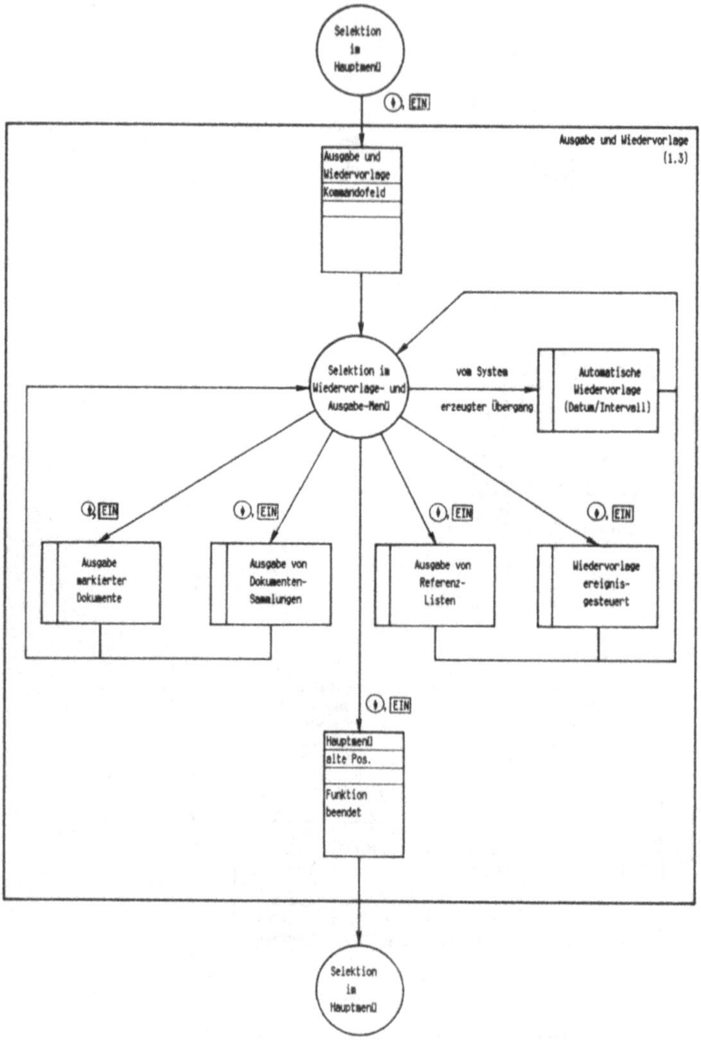
Selektion
im
Hauptmenü
EIN
Ausgabe und Wiedervorlage
(1.3)
Ausgabe und
Wiedervorlage
Kommandofeld
Selektion im
Wiedervorlage- und
Ausgabe-Menü
vom System
erzeugter Übergang
Automatische
Wiedervorlage
(Datum/Intervall)
Ausgabe
markierter
Dokumente
Ausgabe von
Dokumenten-
Sammlungen
Ausgabe von
Referenz-
Listen
Wiedervorlage
ereignis-
gesteuert
Hauptmenü
alte Pos.
Funktion
beendet

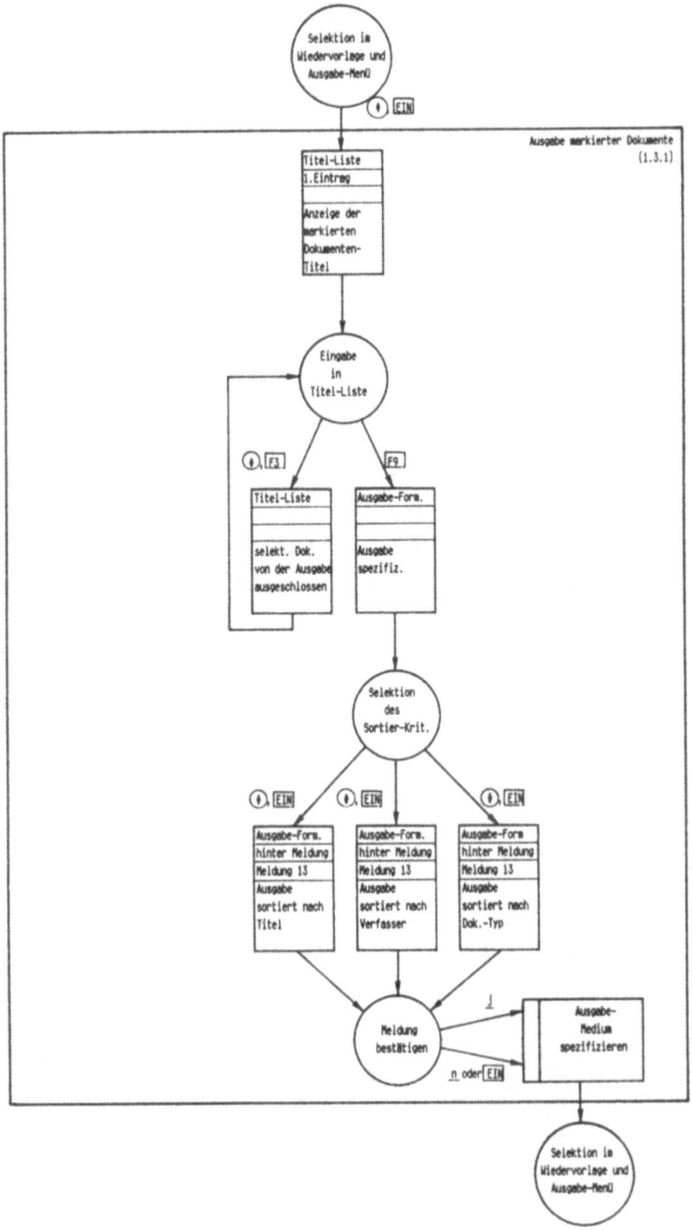
Selektion im Wiedervorlage und Ausgabe-Menü
EIN
Ausgabe markierter Dokumente (1.3.1)
Titel-Liste
1.Eintrag
Anzeige der markierten Dokumenten-Titel
Eingabe in Titel-Liste
F3
F9
Titel-Liste
selekt. Dok. von der Ausgabe ausgeschlossen
Ausgabe-Form.
Ausgabe spezifiz.
Selektion des Sortier-Krit.
EIN
EIN
EIN
Ausgabe-Form.
hinter Meldung
Meldung 13
Ausgabe sortiert nach Titel
Ausgabe-Form.
hinter Meldung
Meldung 13
Ausgabe sortiert nach Verfasser
Ausgabe-Form
hinter Meldung
Meldung 13
Ausgabe sortiert nach Dok.-Typ
Meldung bestätigen
j
n oder EIN
Ausgabe-Medium spezifizieren
Selektion im Wiedervorlage und Ausgabe-Menü

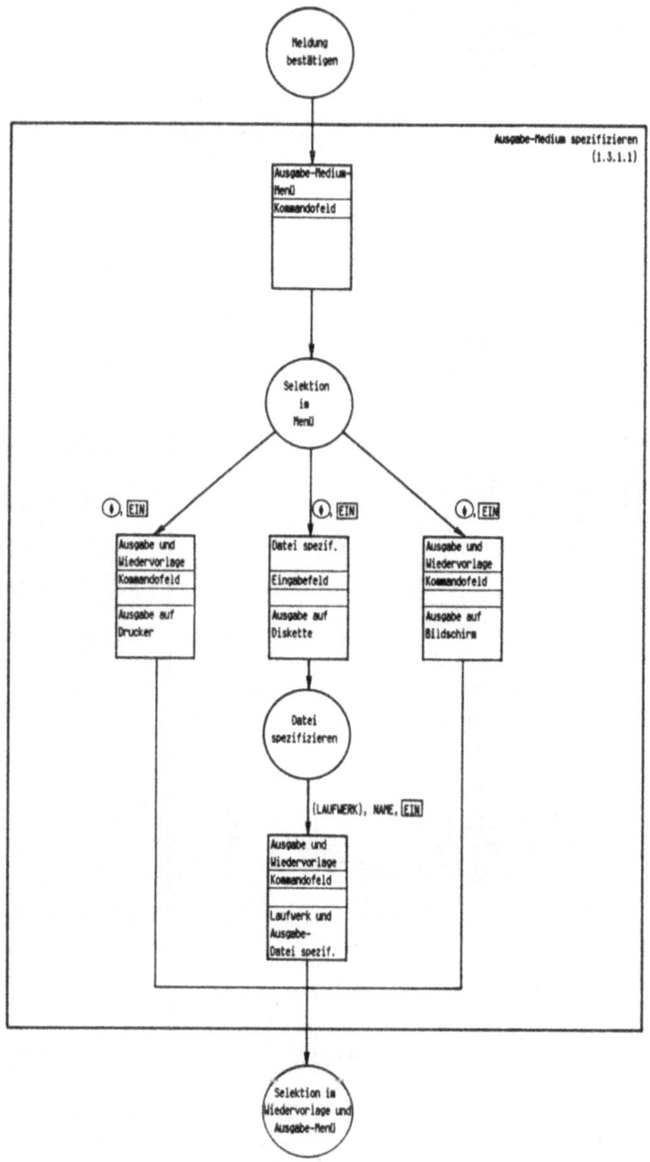
Meldung bestätigen
Ausgabe-Medium spezifizieren (1.3.1.1)
Ausgabe-Medium-Menü
Kommandofeld
Selektion im Menü
EIN
Ausgabe und Wiedervorlage
Kommandofeld
Ausgabe auf Drucker
Datei spezif.
Eingabefeld
Ausgabe auf Diskette
Ausgabe auf Bildschirm
Datei spezifizieren
(LAUFWERK), NAME, EIN
Laufwerk und Ausgabe-Datei spezif.
Selektion im Wiedervorlage und Ausgabe-Menü

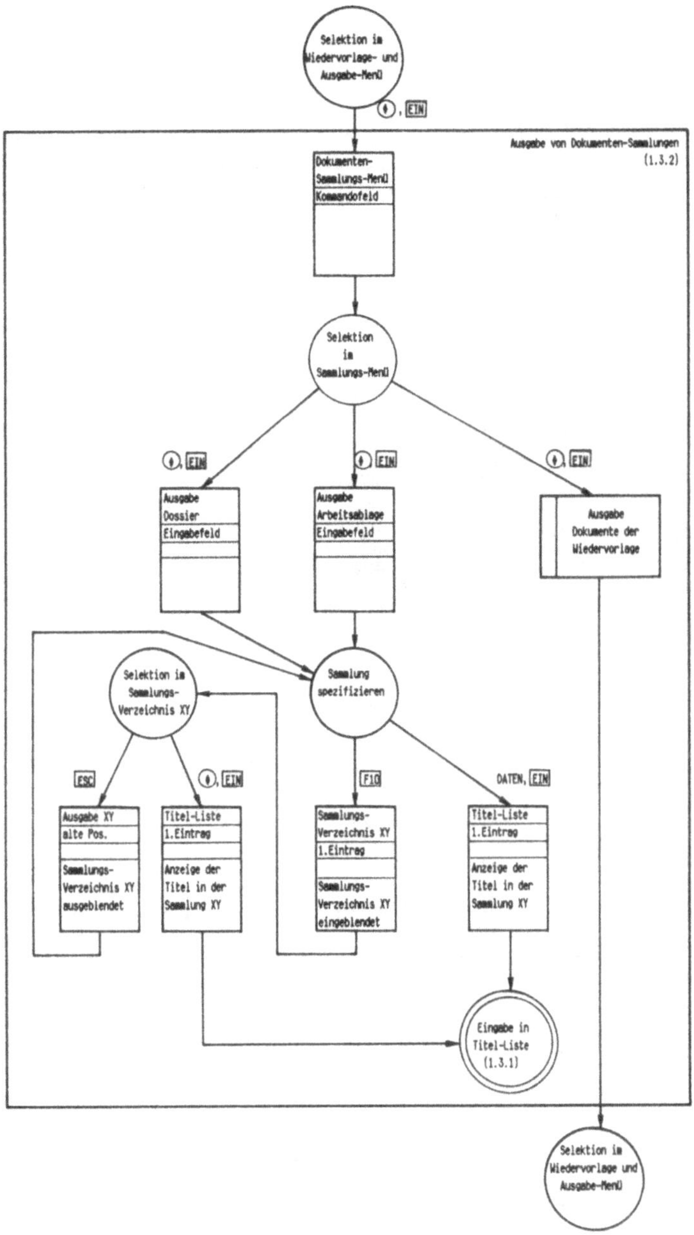
Selektion im Wiedervorlage- und Ausgabe-Menü
EIN
Ausgabe von Dokumenten-Sammlungen (1.3.2)
Dokumenten-Sammlungs-Menü
Kommandofeld
Selektion im Sammlungs-Menü
EIN
EIN
EIN
Ausgabe Dossier
Eingabefeld
Ausgabe Arbeitsablage
Eingabefeld
Ausgabe Dokumente der Wiedervorlage
Selektion im Sammlungs-Verzeichnis XY
Sammlung spezifizieren
ESC
EIN
F10
DATEN, EIN
Ausgabe XY
alte Pos.
Sammlungs-Verzeichnis XY ausgeblendet
Titel-Liste
1. Eintrag
Anzeige der Titel in der Sammlung XY
Sammlungs-Verzeichnis XY
1. Eintrag
Sammlungs-Verzeichnis XY eingeblendet
Titel-Liste
1. Eintrag
Anzeige der Titel in der Sammlung XY
Eingabe in Titel-Liste (1.3.1)
Selektion im Wiedervorlage und Ausgabe-Menü

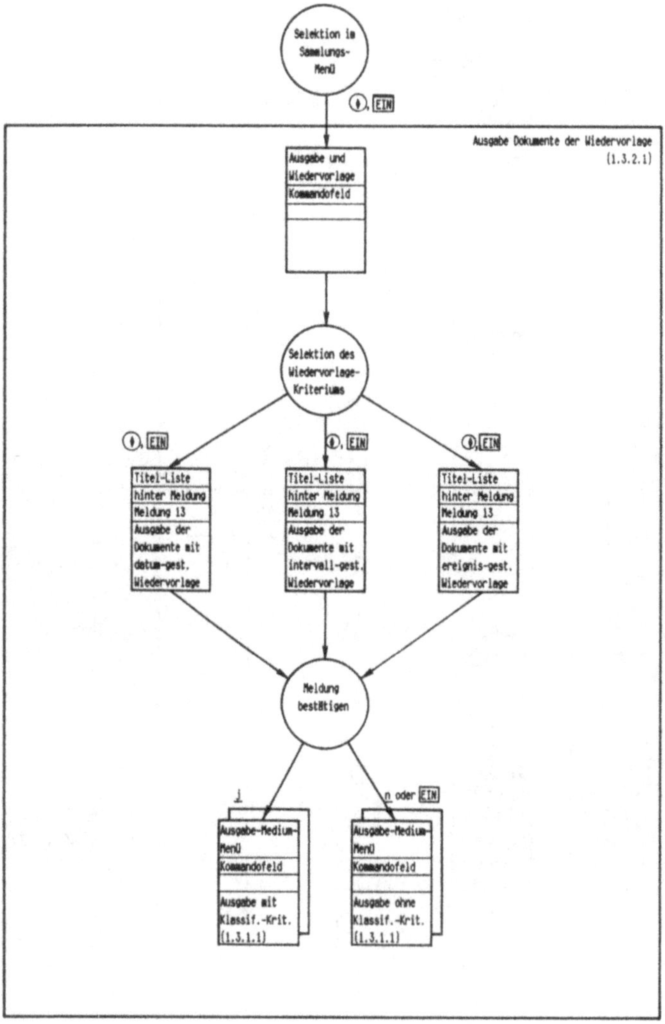
Selektion im Sammlungs-Menü
EIN
Ausgabe Dokumente der Wiedervorlage
(1.3.2.1)
Ausgabe und Wiedervorlage
Kommandofeld
Selektion des Wiedervorlage-Kriteriums
EIN
EIN
EIN
Titel-Liste
hinter Meldung
Meldung 13
Ausgabe der Dokumente mit datum-gest. Wiedervorlage
Titel-Liste
hinter Meldung
Meldung 13
Ausgabe der Dokumente mit intervall-gest. Wiedervorlage
Titel-Liste
hinter Meldung
Meldung 13
Ausgabe der Dokumente mit ereignis-gest. Wiedervorlage
Meldung bestätigen
j
n oder EIN
Ausgabe-Medium-Menü
Kommandofeld
Ausgabe mit Klassif.-Krit.
(1.3.1.1)
Ausgabe-Medium-Menü
Kommandofeld
Ausgabe ohne Klassif.-Krit.
(1.3.1.1)

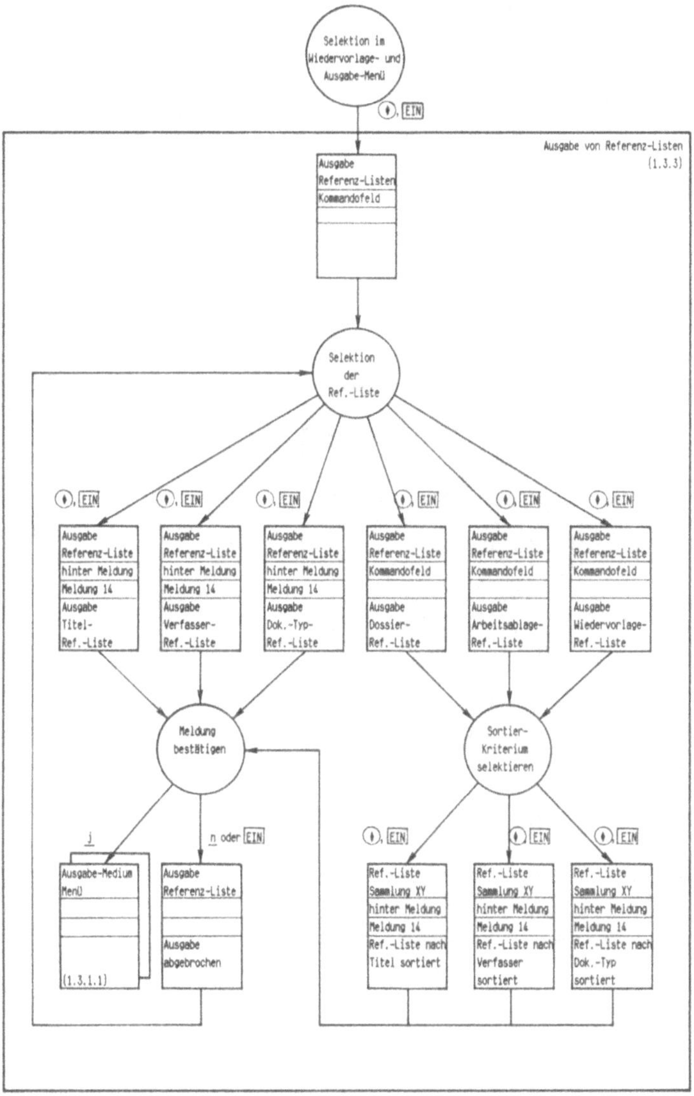
Selektion im Wiedervorlage- und Ausgabe-Menü
EIN
Ausgabe von Referenz-Listen (1.3.3)
Ausgabe Referenz-Listen
Kommandofeld
Selektion der Ref.-Liste
Ausgabe Referenz-Liste hinter Meldung
Meldung 14
Ausgabe Titel-Ref.-Liste
Ausgabe Verfasser-Ref.-Liste
Ausgabe Dok.-Typ-Ref.-Liste
Ausgabe Dossier-Ref.-Liste
Ausgabe Arbeitsablage-Ref.-Liste
Ausgabe Wiedervorlage-Ref.-Liste
Meldung bestätigen
Sortier-Kriterium selektieren
j
n oder EIN
Ausgabe-Medium Menü
(1.3.1.1)
Ausgabe abgebrochen
Ref.-Liste Sammlung XY
Ref.-Liste nach Titel sortiert
Ref.-Liste nach Verfasser sortiert
Ref.-Liste nach Dok.-Typ sortiert

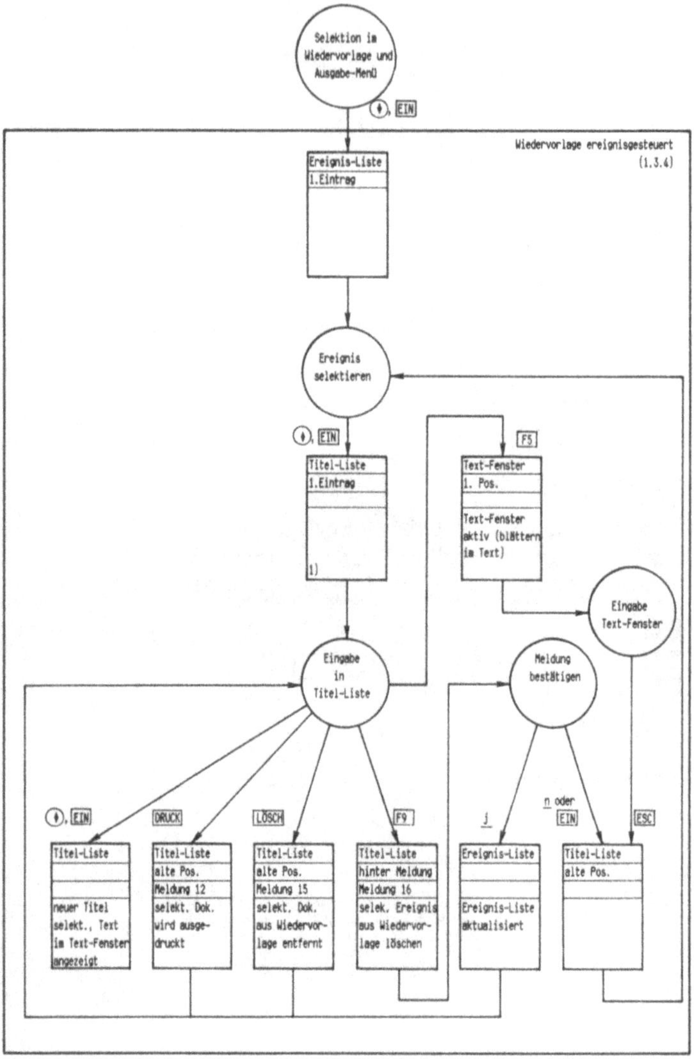

1) Zur Anzeige gelangen parallel:
- Titel der Wiedervorlage (Titel-Liste)
- Dokument-Text des selektierten Titel in der Titel-Liste (Text-Fenster)

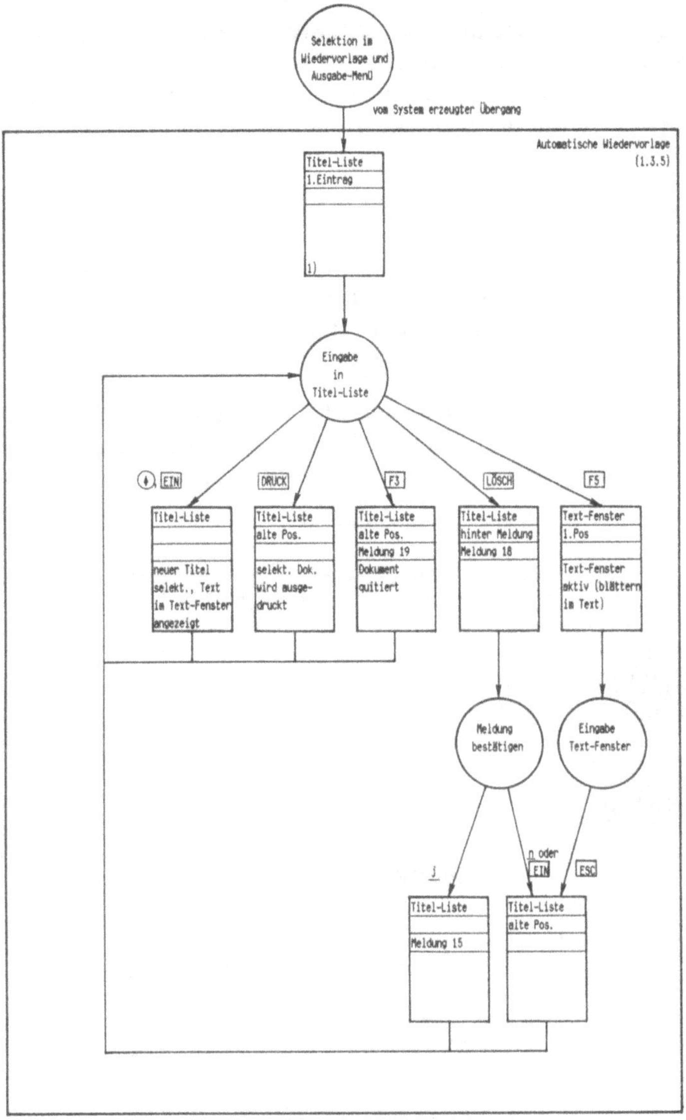

1) Zur Anzeige gelangen parallel:
- Titel der Wiedervorlage (Titel-Liste)
- Dokument-Text des selektierten Titel in der Titel-Liste (Text-Fenster)

5.3.3 Gestaltung der Bildschirmformulare und Fenster

Prinzipiell sieht die IAN-Methode die zeichenweise Definition aller von den Interaktions-Netzen referenzierten Bildschirmformulare vor. Da das System fensterorientiert konzipiert ist, wird an dieser Stelle lediglich der Aufbau des „Basis-Fensters" sowie der prinzipielle Aufbau der in das Basis-Fenster eingeblendeten „Arbeits-Fenster" erläutert.

1. Basis-Fenster

Das **Basis-Fenster** (siehe Abb. 5 – 8) enthält am oberen Bildschirmrand eine **Status-Zeile**, in der stets folgende Informationen aktuell eingetragen sind (die Status-Zeile ist unabhängig vom Systemzustand zu jeder Zeit sichtbar):

- **Status**, zeigt den Namen der jeweils aktiven Funktion (Fenster) an.
- **Abbruch** (Undo), zeigt den Namen der Funktion an, die über die Abbruch-Taste (ESC) aktiviert wird (in der Regel ist dies die Funktion, von der aus die jeweils aktive Funktion aufgerufen wurde).
- **Datum**, zeigt das aktuelle Tages-Datum an.

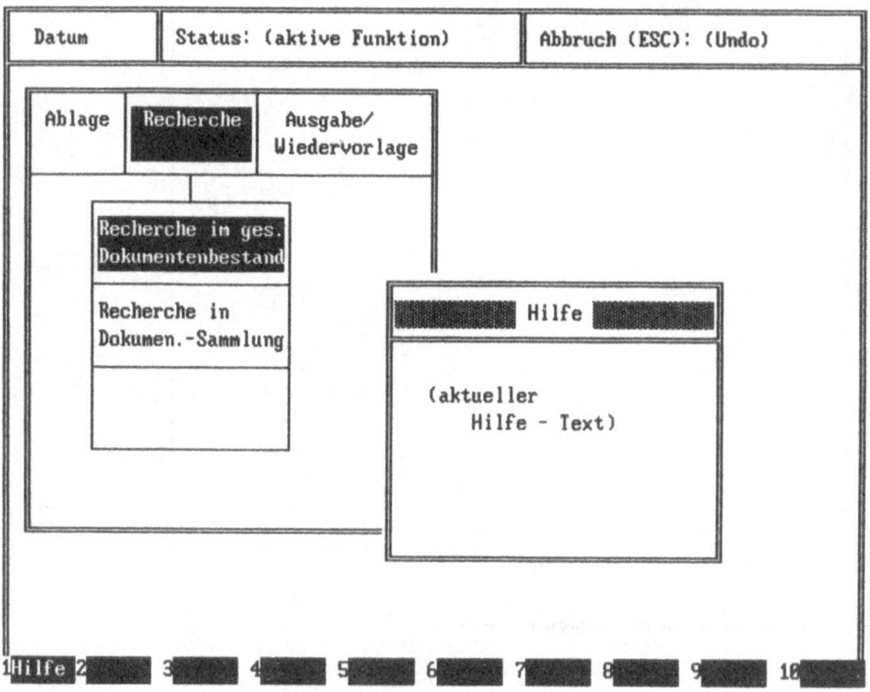

Abb. 5 – 8: Aufbau des Basis-Fensters

Am unteren Bildschirmrand wird in einer **Funktionstasten-Belegungszeile** die im jeweiligen Zustand gültigen und über die Funktions-Tasten aktivierbaren System-Funktionen angezeigt. Über die Funktions-Taste **F1** ist in jedem Systemzustand (Status) ein kontextbezogener Hilfe-Text abrufbar (Hilfe-Fenster).

2. Arbeits-Fenster

Für jede aktivierte Funktion wird ein eigenes Arbeits-Fenster geöffnet/eingeblendet (siehe Abb. 5–9). Der jeweils aktuelle Name der Funktion (Fenster) wird am oberen Fensterrand angezeigt. Um dem Benutzer eine Orientierungshilfe hinsichtlich seiner aktuellen Position innerhalb der Funktions-Hierarchie zu geben, werden nacheinander aufgerufene Funktionen in sich partiell überlagernden Fenstern dargestellt. Wird eine aktive Funktion regulär oder über die ESC-Taste verlassen, wird dieses Fenster geschlossen und der darunter befindliche verdeckte Fensterausschnitt wieder sichtbar.

Menü-Fenster werden in Form sogenannter „Pull-Down-Menüs“ realisiert (siehe Menü-Fenster in Abb. 5–8). Hierbei werden am oberen Fensterrand

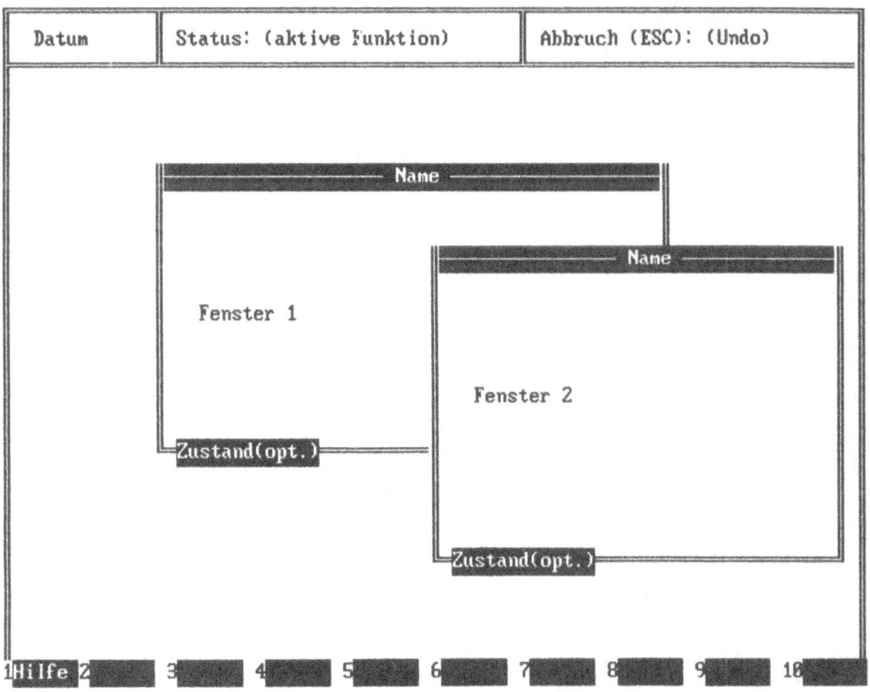

Abb. 5–9: Prinzipieller Aufbau des Arbeits-Fensters

die übergeordneten Funktionen angezeigt. Erfolgt die Selektion einer dieser Funktionen, kommen unmittelbar darunter die der selektierten Funktion untergeordneten Funktionen in vertikaler Anordnung zur Anzeige. Hierin erfolgt eine Auswahl ebenfalls durch Selektion. Grundsätzlich kann die Selektion mittels der Cursor-Positionierungs-Tasten oder direkt mit der Maus vorgenommen werden.

Für den Fall, daß ein Fenster mehrere Zustände annehmen kann, wird dessen aktueller Zustand am unteren Fensterrand angezeigt.

5.3.4 Verzeichnis der Bildschirmformulare

Das Gesamtsystem umfaßt folgende Bildschirm-Formulare (Fenster). Die Bezeichnungen entsprechen den Masken-Bezeichnungen in den Transitionen der Interaktions-Netze, ihre Anordnung spiegelt die Aufrufstruktur wider:

- Systemumgebung (Identifikation)
- Hauptmenü
  - Ablage-Menü
    - Klassifizierungsformular
      - Referenz-Verzeichnis (zu den Ablage-Kriterien:
        - o Dokument-Typ
        - o Titel
        - o Quelle
        - o Dossier
        - o Arbeitsablage
        - o Wiedervorlage
          - * Datum
          - * Intervall
          - * Ereignis)
  - Dokumenten-Sammlungs-Menü
    - Dossier-Formular (Zuordnung)
    - Verzeichnis der Dokumente im Dossier
    - Dossier-Verzeichnis
    - Wiedervorlage-Formular (Zuordnung)
      - Datum-Formular
      - Intervalle-Formular
      - Ereignis-Formular
      - Ereignis-Liste
  - Editor
  - Editor-Kurzfassung
  - Korrekturvorschlags-Liste

  - Deskriptor-Liste
    - Verzeichnis Deskriptoren im Text
    - Synonym-Formular
      - Synonym-Liste
  - Datei spezifizieren
    - Datei-Verzeichnis
  - Dokumente ändern (/löschen)
    - Titel-Verzeichnis
  - Sammlung ändern (/löschen)
    - Dossier ändern
    - Wiedervorlage ändern
      - Datum / Titel-Verzeichnis
      - Intervall / Titel-Verzeichnis
      - Ereignis / Titel-Verzeichnis
- Recherche-Menü
  - Anfrage-Formular
  - Anfrage-Deskriptoren
    - Synonym-Verzeichnis (nur zum selektierten Begriff)
  - Ergebnisanzeige
  - Fundstellen-Titel
  - Text-Fenster
- Sammlungs-Auswahl-Menü (Recherche und Ausgabe)
  - Recherche im Dossier
  - Recherche in Arbeitsablage
- Ausgabe und Wiedervorlage-Menü
  - Ausgabe-Formular
    - Ausgabe-Medium
  - Ausgabe-Dossier
  - Ausgabe-Arbeitsablage
  - Ausgabe-Wiedervorlage
  - Ausgabe Referenzlisten

5.3.5 Verzeichnis der Systemmeldungen

Im folgenden sind die in den Transitionen der Interaktions-Netze aufgeführten Systemmeldungen aufgelistet:

Meldung 1: Bestätigen mit leerer EINGABE, rückgängig machen mit ESC.
Meldung 2: Automatische Kurzfassung? (j/n):
Meldung 3: Die ersten 14 Zeilen des Textes werden als Kurzfassung abgelegt.
Meldung 4: Für die Kurzfassung stehen 14 Zeichen zur Verfügung.
Meldung 5: Zusätzliche Begriffe in das Lexikon aufnehmen? (j/n):

Meldung 6: Synonym-Begriffe eintragen (leere EINGABE, verlassen der Funktion).
Meldung 7: Dokument löschen? (j/n):
Meldung 8: Dossier löschen? (j/n):
Meldung 9: Verfasser-Suche phonetisch.
Meldung 10: Deskriptor im System nicht vorhanden, neue Eingabe.
Meldung 11: Zu diesem Begriff sind keine Synonyme definiert.
Meldung 12: Dokument wird ausgedruckt.
Meldung 13: Druckausgabe mit Klassifizierungs-Kriterien? (j/n):
Meldung 14: Druckausgabe bestätigen? (j/n):
Meldung 15: Dokument aus Wiedervorlage entfernt.
Meldung 16: Alle Dokumente aus dieser Wiedervorlage entfernen und Ereignis löschen? (j/n):
Meldung 17: Wiedervorlage bearbeiten? (j/n):
Meldung 18: Dokument aus Wiedervorlage entfernen? (j/n):
Meldung 19: Wiedervorlage quitiert.

Hinweis: Die Anzeige der Meldungen auf dem Bildschirm erfolgt in einem separaten **Meldungs-Fenster**. Wenn vom Benutzer keine explizite Quittierung der Meldung verlangt wird, muß diese durch Drücken der ESC-Taste bestätigt werden.

6. Zusammenfassung und Ausblick

> But, we should sometimes want to do more than build machines that perform old functions and interfaces that make it easy to operate those machines. We should sometimes also want to invent machines to do totally new functions for humans.
>
> (T.K. Landauer, 1985)

Das vorliegende Buch stellt sowohl einen Beitrag zum interdisziplinären, sich rasch entwickelnden Gebiet der Software-Ergonomie dar; es leistet insbesondere aber auch einen Beitrag zur aktuellen Diskussion hinsichtlich der Gestaltung neuer computergestützter Büroinformations- und Kommunikationssysteme. Primäres Ziel ist es dabei, Lösungsvorschläge für das zentrale Problem der Gestaltung der Mensch-Computer-Interaktion anzubieten und die Vorgehensweise bei der Entwicklung derartiger Systeme exemplarisch aufzuzeigen. Das Buch konzentriert sich dabei im wesentlichen auf drei Schwerpunkte:

1) Entwicklung allgemeiner operationaler Entwurfs-Kriterien für die Mensch-Computer-Interaktion unter Berücksichtigung der kognitiven Charakteristiken des menschlichen informationsverarbeitenden Systems.

   Hierbei konnte gezeigt werden, daß Kenntnisse der kognitiven und kommunikativen Strukturen des Menschen von entscheidender Bedeutung bei der Gestaltung von Mensch-Computer-Schnittstellen sind.

2) Untersuchung spezifischer kognitiver Aspekte am Beispiel des Problembereichs Büro mit dem Ziel, spezifische Verhaltensweisen des Menschen (Benutzers), als auch den Problembereich mit seinen Parametern, möglichst umfassend zu analysieren. Die hierbei gewonnenen Erkenntnisse führten im Rahmen der Systemkonzeption zur Modellierung kognitiv adäquater Repräsentation von Aufgaben im System.

   In diesem Zusammenhang wurde die Theorie des konzeptuellen Suchens entwickelt, die im Prinzip auf der stark ausgeprägten menschlichen assoziativen Gedächtnisleistung basiert. In Verbindung mit den Strategien des wiedererkennenden und des beschreibenden Suchens stellt die entwickelte Modellvorstellung die zentrale Lösungsidee im Rahmen des konzipierten Systems dar. Hierbei hat sich gezeigt, daß gute Navigations- und Browsing-Funktionen von entscheidender Bedeutung für einen effektiven Dialog sind.

3) Die Umsetzung der gewonnenen Erkenntnisse in die Konzeption eines büroorientieren Dokumenten-Retrievalsystems und den methodischen Entwurf der damit definierten Benutzungsoberfläche als zentrale Systemkomponente.

Die vertretene Auffassung, daß neben den Begriff der maschinellen Effizienz gleichberechtigt der Begriff der kognitiven Effizienz tritt, konnte im Rahmen einer Prototyp-Implementierung (mit einer funktionalen Untermenge des hier beschriebenen Konzepts) bestätigt werden.

Im Rahmen einer begleitenden Analyse ausgewählter Dokumenten-Retrievalsysteme, die eine empirische Basis für die Systemkonzeption liefert, konnte festgestellt werden, daß heutige Dokumenten-Retrievalsysteme für den spezifischen Einsatz an Büroarbeitsplätzen nur bedingt geeignet sind, ihnen fehlt eine wirkliche Orientierung an Büroaufgaben. Ebenso unterstützen sie menschliche Strategien zur Informationssuche nur unzureichend.

Der hier vorgestellte Ansatz einer starken Orientierung am Benutzer und seinen mentalen Modellen, sowie der Berücksichtigung seiner kognitiven Charakteristiken, hat darüberhinaus zentrale Bedeutung im Rahmen einer benutzeradäquaten Systementwicklung. Dieser Ansatz ist vielversprechender als der in die gleiche Richtung tendierende Ansatz der partizipativen Systementwicklung. Denn letzterer kann nur bedingt erfolgreich sein, da beteiligte Personen häufig nich in der Lage sind, ihre Tätigkeiten explizit zu beschreiben und in der Regel keine oder nur geringe Kenntnisse über Möglichkeiten und Grenzen moderner Computersysteme haben.

Die in diesem Buch beschriebene Vorgehensweise vermeidet durch den Einsatz einfacher Techniken des Dokumentenretrievals und die Beschränkung auf die speziellen Probleme der Mensch-Computer-Interaktion, sowie die Orientierung am Problembereich des Benutzers, die Komplexitätsbarrieren rein linguistisch orientierter und wissensbasierter Ansätze. Eine Weiterentwicklung, insbesondere in die letztgenannte Richtung, dürfte allerdings von erheblicher praktischer Relevanz sein. Der Forschungsgegenstand des „Knowledge Engineering", oder allgemeiner der „Künstlichen Intelligenz", wird insbesondere im Zusammenhang mit wissensbasierten Systemen (vergleiche auch Abschnitt 4.3.1) zu neuen Erkenntnissen in dem hier diskutierten Umfeld führen (siehe etwa (Aiello 84), (Blanning 84), (Dzida 84), (Balzert 85)).

Darüberhinaus bieten sich Erweiterungsmöglichkeiten in den folgenden Bereichen an:

- Einbettung des Systems in ein umfassendes Bürosystem; insbesondere die Realisierung von standardisierten Dokumentenaustauch-Formaten (ODA), wie sie beispielsweise mit den ECMA 101 Normungsbestrebungen vorgeschlagen werden (Krönert 86), (Horak 86).

- Integration wissensbasierter Komponenten zur automatischen Indexierung und Klassifikation von Dokumenten. Insbesondere zur automatischen Klassifikation von Eingangspost und deren automatische Weiterleitung/Verteilung entsprechend den Zuständigkeits- oder Interessenprofilen der Mitarbeiter im Büro. Derartige Ansätze werden beispielsweise von (Balzert 85), (Kreplin 86) und (Schumann 86) vorgestellt.
- Erweiterung des Systems um graphische Komponenten, wie sie speziell im Projekt TOPOGRAPHIC (Hahn 84), (Hammwöhner 84a), und (Hammwöhner 84b) aktuell entwickelt werden, oder auf einer allgemeineren Basis, beispielsweise bei (Tsichritzis 84), (Tsichritzis 85b), (Balzert 85) oder (Witten 85) diskutiert werden.

Zusammenfassend kann festgestellt werden, daß informationsverarbeitenden Systemen zweifellos eine starke technische und verfahrensorientierte Komponente zu eigen ist. Es konnte aber gezeigt werden, daß bei der Nutzung derartiger Systeme zusätzliche Faktoren eine wesentliche Rolle spielen, insbesondere dann, wenn es sich bei den Benutzern dieser Systeme um unkundige und Gelegenheitsbenutzer (in der Definition dieses Buches) handelt. So können interaktive Systeme erst dann wirklich benutzeradäquat sein, wenn bei ihrem Entwurf die technischen Möglichkeiten mit einem tiefen Verständnis über die zukünftigen Benutzer, ihren mentalen Modellen und den Charakteristiken des sie umgebenden Problembereichs kombiniert werden.

Glossar

> The power of words is the power of infinite flexibility.
>
> (P.H. Lindsay, D.A. Norman)

Ähnlichkeitsmaß
Ein Ähnlichkeitsmaß ordnet einem Paar von Objekten eine reelle Zahl zu, die um so größer ist, je ähnlicher die Objekte zueinander sind. (Bollmann)

Analogiemodell
(siehe emulatives Modell)

Anwendungsbereich
Ein fachlich oder organisatorisch abgegrenzter Teilbereich einer Unternehmung oder Verwaltung.

Anwendungssystem
Ein oder mehrere Programme, die zusammen mit den organisatorischen Regelungen und Verhaltensvorschriften erforderlich sind, um sie in einer realen Umgebung (Anwendungsbereich) integrieren und zur Wirkung bringen zu können.

B-Baum
Ein B-Baum ist eine baumartige Datenstruktur mit der eine effiziente Organisation von externen Massenspeichern erreicht werden kann. Die Stärke dieses Verfahrens liegt insbesondere in der Schnelligkeit des Auffindens von Informationen (Daten).

Benutzer
Eine Person oder eine Personengruppe, die Computersysteme zur Unterstützung eines oder mehrerer bestimmter Informationsverarbeitungsprozesse einsetzt. (Haupt; Seibt)

Benutzerfreundlichkeit
Benutzerfreundlichkeit ist eine Eigenschaft von Softwareprodukten und Anwendungssystemen, die eine einfache, sichere und leicht erlernbare Handhabung dieser Systeme gewährleisten soll. (Bues)

Benutzergruppe
(siehe Benutzer)

Benutzermodell
In einem Benutzermodell werden Annahmen über den/die zukünftigen Systembenutzer modelliert.

Benutzerorientierung
Benutzerorientierung impliziert eine Vorgehensweise bei der Gestaltung von Informationssystemen, die den Anforderungen der Benutzer in besonderer Weise gerecht wird. (BIFOA) Hierbei ist es von entscheidender Bedeutung, sowohl spezifische Verhaltensweisen des Benutzers, als auch den Problembereich möglichst umfassend zu analysieren und bei der Gestaltung zu berücksichtigen.

Benutzerschnittstelle
Zur Benutzerschnittstelle gehören sowohl die sich auf der Benutzerseite befindlichen Ein- und Ausgabegeräte als auch die Software/Programme, welche den Dialog zwischen Benutzer und Computersystem steuert.

Benutzungsoberfläche
(siehe Benutzerschnittstelle)

Beschreibende Manipulation
Die Art und Weise, wie ein Benutzer die Objekte/Funktion eines Systems generell manipulieren/steuern kann, wird unter dem Begriff Manipulationstechnik zusammengefaßt. Bei der beschreibenden Manipulation werden Aktionen durch Eingabe von Kommandos (definierte Syntax oder natürlichsprachlich) gesteuert. (siehe auch direkte Manipulation)

Bildschirmformular
(siehe Bildschirmmaske)

Bildschirmmaske
Bildschirmmasken dienen zur strukturierten/formatierten Darstellung kontextselektierter Informationen (Daten) auf einem Bildschirmterminal (Datensichtgerät).

Boolescher Operator
Im Dokumenten-Retrieval bezeichnen boolesche Operatoren solche Operatoren, die in Suchfragen die logischen Verknüpfungen (UND, ODER, NICHT) der in der Suchfrage enthaltenen Terme (Deskriptoren) definieren.

Boolesches Retrieval
Das boolesche Retrieval basiert auf dem inklusiven Retrievalmodell, was Grundlage fast aller kommerzieller Retrievalsysteme ist.

Browsing
Browsing ist das schnelle und gezielte Durchsehen der gefundenen Informationen (Dokumente) am Bildschirm bei der Bearbeitung einer Suchfrage. (Lustig)

Büro-Dokumenten-Retrievalsystem
Ein Büro-Dokumenten-Retrievalsystem ist ein Retrievalsystem, das speziell auf den dokumentenorientierten Aufgabenerfüllungsprozeß im Büro abgestimmt ist und diesen wirkungsvoll unterstützt.

Büroinformationssystem
Ein auf die speziellen Belange eines Büros ausgerichtetes Informationssystem (siehe Informationssystem).

Bürosystem
(siehe Büroinformationssystem)

Chunk
Maßzahl für die Kapazität des menschlichen Gedächtnisses. Ein Chunk repräsentiert die größtmögliche zusammenhängende Zeichenstruktur (Pattern), die ein Mensch als begriffliche Einheit auffassen kann.

Clustering
(siehe Clusterverfahren)

Clusterverfahren
Clusterverfahren werden in statistischen Retrievalmodellen zur Abbildung des Dokumentenbestands benutzt. Hierbei werden auf der Basis eines Ähnlichkeitsmaßes (z.B. Cosinusmaß) „inhaltliche" Ähnlichkeiten zwischen den Dokumenten berechnet und in Form von Vektoren in einer Matrix abgebildet. Ähnliche Dokumente werden dabei in Cluster zusammengefaßt.

Coordinate Indexing
Coordinate Indexing bezeichnet ein Prinzip, nach dem bei der Indexierung eines Dokuments die Deskriptoren aus einer vorgegebenen Menge beliebig ausgewählt und ohne nähere Präzisierung der zwischen ihnen bestehenden Beziehungen dem Dokument zugeordnet werden. (Lustig)

Cursor
Der Cursor bezeichnet bei Bildschirmterminals (Datensichtgeräten) die aktuell angezeigte Schreibmarke.

Datei
Die Menge aller Informationen (Daten) die unter einem gemeinsamen Ordnungsbegriff zusammengefaßt sind.

Datenbank
Menge von Informationsdarstellungen aus einem bestimmten, abgegrenzten Informationsbereich.

Datenbanksystem
Ein Softwaresystem (Gruppe von Programmen), das nötig ist, eine Datenbank einzurichten, zu benutzen und zu pflegen.

Datenstruktur
Man unterscheidet zwischen logischer und physischer Datenstruktur. Die logische Datenstruktur beschreibt die Informationsdarstellung, die nur die problemspezifischen Zusammenhänge des abzubildenden Informationsbereichs berücksichtigen. Die physische Datenstruktur hingegen beschreibt die Struktur von physisch gespeicherten Daten. (nach Falkenberg)

Datentechnologischer Ansatz
(siehe Retrievalmodell)

Deskriptor
Deskriptoren sind die in einem Retrievalsystem zur Indexierung einzelner Dokumente zugelassenen Begriffe (Terme). (Kuhlen)

Dialog
Oberbegriff für vorhergeplante Mensch-Computer-Kommunikation.

Direkte Manipulation
Die Art und Weise, wie ein Benutzer die Objekte/Funktion eines Systems generell manipulieren/steuern kann, wird unter dem Begriff Manipulationstechnik zusammengefaßt. Bei der direkten Manipulation werden Aktionen durch direktes Zeigen oder Demonstrieren auf dem Bildschirm gesteuert. (siehe auch beschreibende Manipulation)

Distanz-Recherche
(siehe Kontextoperator)

Dokumentenbestand
Der Dokumentenbestand ist die Menge aller Dokumente im System.

Dokumenten-Deskriptor-Matrix
Matrix zur Repräsentation des Dokumentenbestands in Form einer Dokumenten-Deskriptor-Matrix. Jede Zeile der Matrix repräsentiert ein Dokument, jede Spalte einen Term (Deskriptor). Der Eintrag (ij) in der Matrix ist Null, wenn der Term (j) nicht im Dokument (i) enthalten ist; andernfalls repräsentiert der Eintrag (ij) die positive Gewichtung (Bedeutung) des Terms (j) im Dokument (i). Die Berechnung erfolgt auf der Basis eines Korrelations- oder Ähnlichkeitsmaßes.

Dokumenten-Retrievalsystem
(siehe Retrievalsystem)

ECMA
European Computer Manufacturer Association

Emulatives Modell
Emulative Modelle dienen dem Mensch/Benutzer zur Erzeugung mentaler Modelle auf der Basis von Analogien. Sie übertragen bekannte Strukturen und vorhandenes Wissen und erzeugen so eine „bekannte Modellwelt", in der mit bekannten Prozessen operiert wird (siehe auch innovatives Modell).

EPAM
In den Jahren 1961 bis 1964 konzipierten Edward Feigenbaum und Herbert Simon ein Computerprogramm, das unter der Bezeichnung EPAM (Elementary Perceiver And Memorizer) ihre Theorie über menschliches assoziatives Gedächtnis und verbales Lernen repräsentiert (Stimulus/Antwort-Paare).

ESC
Escape

Expertensystem
Ein Expertensystem ist ein Informationssystem, das auf einem speziellen Wissensgebiet die Kompetenz von menschlichen Experten besitzt und als Beratungs- und Problemlösungssystem eingesetzt wird. Hierbei ist es wesentlich, daß die Verläßlichkeit der angebotenen Lösung überprüfbar ist. (Rollinger)

Fenster
Fenster sind definierte Ausschnitte auf einem Bildschirmterminal (Datensichtgerät) mit deren Hilfe verschiedene Informationseinheiten gleichzeitig darstellbar sind und selektiv bearbeitet werden können.

Formular
(siehe Bildschirmmaske)

Frage-Antwort-System
Ein algorithmisches System zur Aufsuche von Antworten auf vorgelegte – vorwiegend nichtnumerische – Fragen. (Wernicke)

Freitextretrieval
Freitextretrieval ist eine Form des Information Retrieval, bei dem die Suche in Daten durchgeführt wird, die als Texte in natürlicher Sprache gegeben sind. (Lustig)

Fundstelle
Unter Fundstellen versteht man die aufgrund der Übereinstimmung zwischen einer Suchfrage und der Deskriptormenge des Dokumentenbestands vom System gefundenen Dokumente.

Fuzzymengentheorie
Eine Theorie (Kalkül) der unexakten Begriffe. Durch Fuzzymengen wird eine Art mehrwertige Logik definiert, mit deren Hilfe auf der Basis einer sogenannten Zugehörigkeitsfunktion der Grad der Zugehörigkeit einzelner Elemente zu einer Gesamtmenge von Elementen berechnet werden kann.

Gelegenheitsbenutzer
Gelegenheitsbenutzer können sein: Der Benutzer eines Computersystems, der ein System nur selten benutzt und in der Zwischenzeit Details (beispielsweise Kommandos) vergißt. Der Benutzer, der ähnliche Systeme kennt, aber nicht dieses spezifische. Der Neuling, der Begriffe und Details lernen muß. (Nievergelt)

Hashing
Hashing ist eine effiziente Direktadressierungstechnik, bei der die durch Schlüssel identifizierten Datensätze per Algorithmus (Hash-Algorithmus) in

Pseudozufallszahlen umgewandelt werden, aus denen dann die konkreten Speicheradressen abgeleitet werden.

Heuristische Methode
Eine pragmatische Methode zur Problemlösung durch Ausprobieren (trial-and-error).

Homonym
Wort mit mindestens zwei verschiedenen Bedeutungen bei gleicher Schreibweise.

Indexierung
Die Zuteilung der Menge von Deskriptoren, die ein Dokument inhaltlich beschreibt, nennt man indexieren. Geschieht dies manuell, spricht man von manueller oder intellektueller Indexierung. Werden hingegen hierfür computergestützte Verfahren eingesetzt, spricht man je nach Grad von automatischer beziehungsweise halbautomatischer Indexierung.

Indexing
(siehe Indexierung)

Informations-Retrievalsystem
(siehe Retrievalsystem)

Informationssystem
Ein Informationssystem besteht aus einer Menge von Menschen und Maschinen, die Informationen erzeugen und/oder benutzen und die durch Kommunikationsbeziehungen miteinander verbunden sind. (Hansen)

Innovatives Modell
Innovative Modelle dienen dem Mensch/Benutzer zur Erzeugung mentaler Modelle auf der Basis neuer Erkenntnisse. Sie erfordern die Entwicklung neuer Vorstellungen und Denkweisen, sie erzeugen neue Strukturen, auf denen mit synthetischen Prozessen operiert wird (siehe auch emulatives Modell).

Interindividueller Unterschied
Bei der Bewertung menschlicher Gedächtnisleistungen bezeichnen interindividuelle Unterschiede solche Differenzen, die sich auf die Fähigkeiten unterschiedlicher Personen beziehen. (siehe auch intraindividueller Unterschied)

Interaktions-Netz
Interaktions-Netze sind geeignet, den Mensch-Computer-Dialog formal und methodisch zu beschreiben. Ein Interaktions-Netz ist ein gerichteter Graph, dessen Knoten Transitionen und Dialogzustände bezeichnen. Seine Kanten sind mit Benutzereingaben versehene Pfeile.

Interaktion
Die Wechselwirkung zweier oder mehrerer Sachen oder Wesen aufeinander. (Nievergelt)

Intraindividueller Unterschied
Bei der Bewertung menschlicher Gedächtnisleistungen bezeichnen intraindividuelle Unterschiede solche Differenzen, die sich bei ein und derselben Person im Laufe ihres Lebens ergeben. (siehe auch interindividueller Unterschied)

Invertierte Datei
Jedes einzelne Dokument im Dokumentenbestand ist durch eine Menge von Deskriptoren (Termen) beschrieben (direkte Datei). Werden umgekehrt jedem Deskriptor eine Menge von Dokumenten zugeordnet in denen sie vorkommen, spricht man von einer invertierten Datei.

Invertierte Liste
Liste, die für jeden Sekundärschlüsselwert alle Adressen der Datensätze enthält, in denen dieser Sekundärschlüssel auftritt.

Invertiertes System
Ein Dokumenten-Retrievalsystem, das auf dem Prinzip der invertierten Datei basiert.

Invertierung
(siehe Invertierte Datei)

Keyword
(siehe Deskriptor)

Klassifizierung
Zuordnung von Objekten zu vorgegebenen Klassen nach einer festen Ordnung. (Frenkel)

Knowledge Representation
(siehe wissensbasiertes System)

Kognitionspsychologie
Die Kognitionspsychologie umfaßt das Gebiet der Erkenntnistätigkeit beim Menschen und zielt insbsondere auf die Erforschung menschlicher kognitiver Strukturen ab. Hierunter versteht man die inneren Dispositionen, die an derAufnahme und der Verarbeitung von Informationen beteiligt sind.

Kognitiver Ansatz
(siehe Retrievalmodell)

Kommandosprache
Eine Kommandosprache definiert die Schnittstelle zwischen Benutzer und Computersystem zur Steuerung dieses Systems in Form syntaktisch und semantisch festgelegter Zeichenfolgen (Kommandos).

Kontextoperator
Die Möglichkeit, bei einer Anfrage Suchbegriffe (Terme) nur dann zu berücksichtigen, wenn diese im Text dicht oder unmittelbar beieinander stehen, wird über Kontextoperatoren erreicht.

Kontrolliertes Vokabular
Sind bei der Indexierung von Texten nur Begriffe (Terme) aus einem vordefinierten Thesaurus zugelassen, spricht man von einem kontrollierten Vokabular. (siehe auch unkontrolliertes Vokabular)

Konzeptuelles Modell
(siehe mentales Modell)

Korrelationsmaß
(siehe Ähnlichkeitsmaß)

Künstliche Intelligenz
Die Forschung auf dem Gebiet der künstlichen Intelligenz verfolgt zwei unterschiedliche Ziele: a) menschliche Intelligenz auf dem Computer zu simulieren, b) Computer zu bauen, die Aufgaben erledigen, zu denen der Mensch Intelligenz benutzt. (Konrad; Neumann)

Lemmatisierung
Die Erzeugung der möglichen Grund- und Stammformen zu einer beliebigen Wortform.

Lexikonorientiertes Verfahren
(siehe morphologische Analyse)

Linguistik
Sprachwissenschaft, die insbesondere Theorien über die Struktur der gesprochenen Sprache erarbeitet.

Linguistische Analyse
Analyse natürlichsprachlicher Texte bezüglich ihrer Struktur und Bedeutung.

Linguistischer Ansatz
(siehe Retrievalmodell)

Management-Informationssystem
Ein Management-Informationssystem (MIS) ist ein Informationssystem, das auf die Aufgaben des Managements in der Verwaltung oder Industrie ausgerichtet ist.

Maske
(siehe Bildschirmmaske)

Maus
Ein i.d.R zusätzlich zur alphanumerischen Eingabetastatur vorhandenes handliches Eingabegerät zur freien Positionierung des Cursors auf dem Bildschirm (optische oder mechanische Maus).

Mensch-Computer-Interaktion
(siehe Mensch-Computer-Kommunikation)

Mensch-Computer-Kommunikation
Die Übermittlung von Information vom Mensch zum Computer und umgekehrt.

Mensch-Computer-System
Einheit aus Mensch, Hardware, Systemsoftware und Anwendungssoftware, die die Form der Mensch-Computer-Kommunikation im Kontext eines Anwendungsbereichs ermöglicht.

Mentales Modell
Modelle werden zur Erzielung von Vorhersagen benutzt. Mentale Modelle erlauben dem Mensch/Benutzer Vorhersagen über den Verlauf einer Mensch-Computer-Kommunikation. Sie definieren darüberhinaus die Systemfunktionalität in Erwartung des Benutzers, bezogen auf den Problembereich, sowie die Systemphilosophie, entsprechend dem „Weltbild“ des Benutzers.

Menü
Selektive Darstellung der in einem bestimmten Zustand möglichen Funktionen eines Informationssystems.

Morphemorientiertes Verfahren
(siehe morphologische Analyse)

Morphem
Kleinste wortbildende Einheit in einer natürlichen Sprache. So besteht das Wort „Zerlegung“ aus den Morphemen „zer“, „leg“, „ung“ und „en“. (Fischer)

Morphologische Analyse
Zerlegung eines Wortes in seine Morpheme und Zuordnung dieser Morpheme zu linguistischen Kategorien, also zu Klassen von Elementen mit gleichen Merkmalen. Hierzu werden beispielsweise stringorientierte Verfahren – auf der Basis stringbezogener Analysealgorithmen, lexikonorientierte Verfahren – auf der Basis möglichst vollständiger, spezieller Fachlexika oder morphemorientierte Verfahren – auf der Basis einfacher, lexikonartiger Morphemlisten in Kombination mit morphemorientierten Analysemethoden eingesetzt.

Navigieren
Das Verfolgen logischer oder inhaltlicher Verbindungen/Referenzen zwischen Objekten in Retrievalsystemen.

ODA
Office Document Architecture

Partizipative Systementwicklung
Die aktive Beteiligung der zukünftigen Benutzer an der Systemgestaltung.

Petri-Netz
Eine von C. Petri entwickelte Netztheorie zur Darstellung nebenläufiger Prozesse.

Phonemanalyse
Abbildung ähnlich oder gleich klingender Worte auf eine Phonemklasse (beispielsweise bei „Meier“ und „Myer“).

Post-coordination
(siehe Präkoordination)

Postkoordination
(siehe Präkoordination)

Präkoordination
Wird ein aus mehreren Einzelbegriffen bestehender komplexer Begriff durch einen Deskriptor wiedergegeben, so spricht man von Präkoordination. Wird dagegen ein solcher zusammengesetzter Begriff bei der Indexierung zerlegt und dementsprechend durch mehrere Deskriptoren dargestellt, die in ihrer Kombination den ursprünglichen Begriff repräsentieren und bei der Suche mittels koordiniertem Retrieval miteinander verknüpft werden können, so spricht man von Postkoordination.

Pre-coordination
(siehe Präkoordination)

Precision
Ein Effektivitätsmaß zur Bewertung von Dokumenten-Retrievalsystemen.

$$\text{Precision} = \frac{\text{Anzahl der gefundenen relevanten Dokumente}}{\text{Anzahl der gefundenen Dokumente}}$$

Problembereich
(siehe Anwendungsbereich)

Pull-Down-Menü
Eine Methode zur Darstellung von Menüs, bei der ein gewünschtes Menü durch „Herunterziehen des Menürolladens“ auf dem Bildschirm sichtbar wird.

Query-Sprache
(siehe Anfragesprache)

Recall
Ein Effektivitätsmaß zur Bewertung von Dokumenten-Retrievalsystemen.

$$\text{Recall} = \frac{\text{Anzahl der gefundenen relevanten Dokumente}}{\text{Anzahl der relevanten Dokumente}}$$

Recherche
Vom Benutzer mittels Suchfrage gesteuerte Wiedergewinnung von Informationen.

Referenz-Retrieval
(siehe Dokumenten-Retrieval)

Referenzierung
Bezug auf ein in Relation stehendes Objekt.

Relevanz-Feedback
Eine Methode zur Verbesserung des Retrievalergebnisses auf der Basis des Relevanzurteils des Benutzers, der damit die Relevanz eines gefundenen Dokumentes bezüglich der Suchfrage subjektiv bestimmt.

Retrievalmodell
Ein Retrievalmodell ist ein abstraktes Modell eines Retrievalsystems. Man bezeichnet ein Retrievalmodell häufig nach dem zugrundeliegenden Ansatz beziehungsweise den hauptsächlich verwendeten Hilfsmitteln z.B. als linguistisches R., statistisches R., wissensbasiertes R., kognitives R. usw. (nach Lustig)

Retrievalsystem
Ein Retrievalsystem ist ein System, das dem Speichern und dem Wiederauffinden (Information-Retrieval) von Informationen dient. (Lustig)

Semantisches Netz
Darstellungsmethode für Inhaltsstrukturen in Form eines gerichteten Graphen. (Frenkel)

Software-Engineering
Software-Engineering umfaßt die wissenschaftlich fundierten und lehrbaren Methoden und Prinzipien der Softwareentwicklung.

Software-Ergonomie
Software-Ergonomie umfaßt diejenigen Aspekte bei der Entwicklung und Nutzung von Mensch-Computer-Systemen, die eine kooperative Bearbeitung von Aufgaben zwischen Mensch und Computer ermöglichen beziehungsweise fördern.

Stopwort
Unter Stopworten (auch Banalworten) werden nicht bedeutungstragende Worte einer natürlichen Sprache verstanden, die im Rahmen einer koordinierten Indexierung von Dokumenten vernachlässigbar sind. Hierunter fallen im allgemeinen grammatische Funktionswörter (Artikel, Präpositionen, Konjunktionen u.a).

String-Match
Vergleichsoperation, bei der die exakte Übereinstimmung zweier Zeichenketten (Begriffe) überprüft wird.

Stringorientiertes Verfahren
(siehe morphologische Analyse)

Suchbegriff
(siehe Suchfrage)

Suchfrage
Die Anfrage des Benutzers an das System wird in einer Suchfrage formuliert, die aus einem natürlichsprachlichen Text oder in Form von ausgewählten Suchbegriffen (Deskriptoren) besteht.

Synonym
Lautsprachlich verschiedene Wörter „gleicher" Bedeutung.

Term
(siehe Deskriptor)

Termgewichtung
Ein Verfahren, das dem Benutzer erlaubt, die Bedeutung einzelner Begriffe (Termen,) bezogen auf eine konkrete Suchfrage, durch eine subjektive Gewichtung zu bewerten.

Terminologiekontrolle
Durch die Terminologiekontrolle sollen vor allem die sich aus Synonymie und Homonymie natürlicher Sprachen ergebenden Probleme bei der Indexierung und bei der Formulierung von Suchfragen gelöst werden. (Kuhlen)

Thesaurus
Ein Thesaurus ist eine geordnete Menge von Bezeichnungen, die ein offenes oder geschlossenes System zur fach- und/oder problemorientierten Klassifizierung und Ordnung von Begriffen bilden. (Mönke; Steinmüller) Der Begriff Thesaurus bezeichnet häufig die Gesamtmenge der in einem Dokumenten-Retrievalsystem enthaltenen Deskriptoren.

Undo
Das Rückgängigmachen der Wirkung einer bereits aktivierten Funktion.

Unkontrolliertes Vokabular
Sind bei der Indexierung von Texten beliebige, frei wählbare Begriffe (Terme) zugelassen, spricht man von einem unkontrollierten Vokabular. (siehe auch kontrolliertes Vokabular)

Volltext-Retrieval
Anwendung des Information Retrieval auf vollständige, nicht inhaltlich aufbereitete natürlichsprachliche Texte (Dokumente).

Wildcard
Ein Wildcardoperator ermöglicht die Eingabe unvollständiger Suchbegriffe (Terme) in einer Suchfrage. Ein Wildcardoperator (häufig ein *) steht für eine beliebige Zeichenkette und wird entweder in Form eines Infix- oder Postfixoperators benutzt.

Wissensbasierter Ansatz
(siehe Retrievalmodell)

Wissensbasiertes System
Teilgebiet der künstlichen Intelligenz. Ein wissensbasiertes System ist ein spezielles Anwendungssystem, das auf einer umfangreichen Wissensbasis (Wissen über einen abgegrenzten Problembereich) basiert und dieses Wissen beispielsweise deduktiv oder regelbasiert zur Lösung von Aufgaben erschließt. (siehe auch Expertensystem)

Wortstamm
Der durch alle Ableitungen hindurch konstante Teil eines Wortes.

Literatur

Denn, was man schwarz auf weiß besitzt,
kann man getrost nach Hause tragen.
(J. W. v. Goethe)

Aiello, L.; Nardi, D.; Panti, M.
Modelling the office structure: A first step towards the office expert system. Proc. 2nd ACM-SIGOA Conf. on Office Information-Systems, Toronto, 1984, S. 25 – 32.

Balzert, H.
Die Entwicklung von Software-Systemen. Mannheim, 1982.

Balzert, H.
Wissensbasierte Systeme im Büro der Zukunft. Forschungsbericht zum WISDOM-Verbundprojekt, FB-TA-85 – 09, Nürnberg, 1985.

Barber, G. R.
An office study: Its implications on the understanding of organizations. Proc. 2nd ACM-SIGOA Conf. on Office Information-Systems, Toronto, 1984, S. 96 – 103.

Barbi, E.; Colvo, F.; Perale, C; Sirovich, F.; Turini, F.
A Conceptual approach to Document Retrieval. Proc. 2nd ACM-SIGOA Conference on Office Information-Systems, Toronto, 1984, S. 219 – 226.

Bates, M. J.
Information Search Tactics. J. American Soc. Information Sci., 30, 4, 1979, S. 205 – 214.

Bates, M. J.
Idea Tactics. IEEE Transactions on Professional Communication, PC-23, 2, 1980, S. 95 – 100.

Bertino, E.
Design Issues in Interactive user Interfaces. Interfaces in Computing, 3, 1985, S. 37 – 58.

Blair, D. C.
The Data-Document Distinction in Information Retrieval. Commun. ACM, 27, 4, 1984, S. 369 – 374.

Blair, D. C.; Maron, M. E.
An evaluation of retrieval effectiveness for a fulltext document-retrieval system. Commun. ACM, 28, 3, 1985, S. 289 – 299.

Blanning, R. W.
Conversing with Management Information Systems in Natural Language. Commun. ACM, 27, 3, 1984, S. 201–207.

Bobrow, D. G.; Winograd, T.
An Overview of KRL, a Knowledge Representation Language. Cognitive Science, 1, 1977, S. 3-46.

Böcker, H.-D.
Softwareerstellung als wissensbasierter Kommunikations- und Designprozess. Diss., Universität Stuttgart, 1984.

Booz-Allen & Hamilton Inc. (Hrsg.)
Multi Client Study of Managerial/Professional Productivity. Booz-Allen & Hamilton, 1980.

Bourne, C. P.
Frequency and Impact of Spelling Errors in Bibliographic Data Bases. Information Processing & Management, 13, 1977, S. 1 ff.

Bracchi, G.; Pernici, B.
The Design Requirements of Office Systems. ACM Transactions on Office Information Systems, 2, 2, 1984, S. 151–170.

Branscomb, L. M.; Thomas, J. C.
Ease of use: A system design challenge. IBM System J., 23, 3, 1984, S. 224–235.

Brecht, W.
Morphologische Analyse und Chart-Parsing. In: (Kuhlen 79, S. 233–249).

Brown, P. J.
Error messages: The neglected area of the man/machine interface? Commun. ACM, 26, 4, 1983, S. 246–249.

Bullinger, H.-J. (Hrsg.)
Software Ergonomie '85, Mensch Computer-Interaktion. Stuttgart, 1985.

Busch, U.
Konzeption betrieblicher Informations-und Kommunikationssysteme (IKS). Berlin, 1983, (Krallmann, H. (Hrsg.)).

Büttel, I.; Foltas, H.; Leppert, M.; Panyr, J.; Stark, B.; Struß, P.
Beschreibung des Modells CONDOR. In: (Fischer 82b, S. 9-158).

Clauß, G.; Kulka, H.; Lompscher, J.; Rösler, H.-D.;Timpe, K.-P.; Vorweg, G. (Hrsg.)
Wörterbuch der Psychologie. Leibzig, 1976.

Coutaz, J.
A Paradigm for User Interface Architecture. CMU-CS-84–124, Pittsburgh, 1984.

Crane, E. J.; Bernier, C. L.
An overall concept of scientific documentation systems. Intern. Conference on Scientific Information, Washington, 1958.

Croft, W. B.; Leftkowitz, L. S.
Task support in an office System. Proc. 2nd ACM-SIGOA Conf. on Office Information Systems, Toronto, 1984, S. 22 – 24.

Culnan, M. J.
The Dimensions of Accessibility to Online Information: Implication for Implementing Office Information Systems. ACM Transactions on Office Information Systems, 2, 2, 1984, S. 141 – 150.

Degenhardt, J.; Lüth, T.
Superschneller Phonemsucher. MC, 7, 1985, S. 84 – 86.

Denert, E.
Specification and Design of Dialogue Systems with State Diagrams. Proc. Int. Comp. Symp., Liege, 1977.

Digital Equipment Corporation
ALL-IN-1 Handbook. Digital Equipment Corporation, 1984.

Durchholz, R.; Richter, G.
Information management concepts (IMC) for use with DBMS interfaces. In: (Nijssen 76, S. 49 – 72).

Dzida, W.; Hoffmann, C.; Valder, W.
Wissensbasierte Dialogunterstützung. In: (Schauer 84, S. 164 – 210).

Engelmann, U.; Meinzer, H.-P.
Bessere Mensch/Maschine-Schnittstellen durch Beachtung von Benutzerfehlern. Angewandte Informatik, 5, 1985, S. 191-196.

Faloutsos, C.; Christodoulakis, S.
Access Methods for Documents. In: (Tsichritzis 85a, S. 317-338).

Fischer, G.; Kling, U.
Die Erforschung Kognitiver Phänomene – zum Stellenwert der Arbeiten von Herbert A. Simon für die Informatik. Angewandte Informatik, 1980, S. 215 – 224.

Fischer, G.
Mensch-Maschine Kommunikation (MMK):Theorien und Systeme. Habilitationsschrift, Universität Stuttgart, 1982 a.

Fischer, H. G. (Hrsg.)
Information Retrieval und natürliche Sprache – Integriert Verarbeitung von Daten und Text im Modell CONDOR. München, 1982 b.

Fischer, G.
Formen und Funktionen von Modellen in der Mensch-Computer Kommunikation (MCK). In: (Schauer 84, S. 328–343).

Floyd, C.; Schmidt, A.
Entwicklung von Dialogschnittstellen. Arbeitsunterlage 5 zur Lehrveranstaltung „Einführung in Software-Engineering, Technische Universität Berlin, 1985.

Fox, M. S.
The intelligent management system: An Overview. Interner Bericht, Intelligent Systems Lab., Carnegie-Mellon University, Pittsburgh, 1982.

Fredkin, E.
Trie Memory. Comm. ACM, 3, 1960, S. 490 ff.

GMD
Modellierung existierender Schnittstellen mit Netzen. GMD-Studie Nr. 69, Teil 5, St. Augustin, 1982.

Gould, J. D.; Lewis, C.
Designing for usability: Key principles and what designers think. Commun. ACM, 28, 3, 1985, S. 300–311.

Goldstein, I.; Bobrow, D.
An Experimental Description-Based Programming Environment: Four Reports. XEROX-PARC, SCL-81–3, 1981.

Gorny, P.
Zur Manipulation visueller Information. In: (Schauer 84, S. 55–88).

Gunzenhäuser, R.
Lernen als Dimension der Mensch-Maschine-Kommunikation. In: (Schauer 84, S. 226–252).

Hahn, U.; Hammwöhner, R.; Kuhlen, R.; Reimer, U.; Thiel, U.
TOPIC II / TOPOGRAPHIC II: Automatische Textkondensierung und textorientiertes Informationsmanagement. Bericht TOPIC-12/84 u. TOPOGRAPHIC-3/84, Universität Konstanz, 1984.

Hammer, M.; Kunin, J. S.; Schoichet, S.
What makes a good user interface? Proc. AFIPS Office Automation Conf., Philadelphia, 1983.

Hammwöhner, R.; Thiel, U.
Graphische Kommunikations- und Präsentationsformen für komplexe Wissens- und Textstrukturen: Zur Konzeption eines graphischen Interface für ein wissensbasiertes Textkondensierungssystem. Bericht TOPOGRAPHIC-1/84, Universität Konstanz, 1984 a.

Hammwöhner, R.; Thiel, U.
TOPOGRAPHIC eine graphische interaktive Retrievalschnittstelle. Bericht TOPOGRAPHIC-2/84, Universität Konstanz, 1984 b.

Hansen, H. R. (Hrsg.)
Büroinformations- und Kommunikationssysteme. Berlin, Heidelberg, 1982.

Hanson, S. J.; Kraut, R. E.; Farber, J. M.
Interface Design and Multivariate Analysis of UNIX Command Use. ACM Transactions on Office Information Systems, 2, 1, 1984, S. 42–57.

Haugeneder, H.
Strukturanalyse im Dokumentenretrieval. In: (Fischer 82b, S. 303–332).

Hewitt, C.
Description and Theoretical Analysis of PLANNER, a Laguage for Proving Theorems and Manipulating Models in a Robot. MIT-Report No. TR-258, AI Lab., Cambridge, 1972.

Hewitt, C.; Bishop, P.; Steiger, R.
A Universal Modular Actor Formalism for Artificial Intelligence. Proc. IJCAI-1973.

Higgins, C. A.; Safayeni, F. R.
A Critical Appraisal of Task Taxonomies as a Tool for Studying Office Activities. ACM Transactions on Office Information Systems, 2, 4, 1984, S. 331–339.

Hogg, J.; Nierstrasz, O. M.; Tsichritzis, D.
Office Procedures. In: (Tsichritzis 85a, S. 137–166).

Holl, F. L.
Konzept eines individuellen Speicher- und Auskunftssystems. Technische Universität Berlin, Studienarbeit, 1979.

Horak, W.
Bürodokumentarchitektur: Standard ECMA 101 und Stand der Normung (Teil 3). Computerwoche, 13, 17, 1986, S. 39–41.

Houghton, R. C., Jr.
On-line help systems: A conspectus. Commun. ACM, 27, 2, 1984, S. 126–133.

Huber, O.
Zur Erforschung individueller Differnzen bei kognitiven Fähigkeiten. In: (Schauer 84, S. 253–267).

IBBG
µDOSS, Information-Retrieval-System, Handbuch. München, 1985.

Jacob, R. J. K.
Using formal specifications in the design of a human-computer interface. Commun. ACM, 26, 4, 1983, S. 259–264.

Jochum, F.
Semantische Repräsentationssprachen in Dokumenten-Retrieval-Systemen. Dissertation, TU-Berlin, 1982.

Karcher, H. B.
Büro der Zukunft. Dissertation, TU-München, 1981.

Kay, R. (Hrsg.)
Management betrieblicher Informationsverarbeitung. München, Wien, 1983.

Keil-Slawik, R.; Pasch, J.
Methodisches Vorgehen bei der Entwicklung von Dialogschnittstellen. Interner Bericht, SWT, Technischen Universität Berlin, 1985.

Knuth, D. E.
Sorting and Searching. The art of computer programming, Vol. 3. London, 1973.

Kobsa, A.
Wissenspräsentation: Die Darstellung von Wissen im Computer. Österreichische Studiengesellschaft für Kybernetik, 1982.

Kochen, M.
Coding for Recording and Recall of Information. Information Processing & Management, 20, 3, 1984, S. 343–354.

Köck, W. K.
Menschliche Kommunikation: Theorie und Empire. In: (Schauer 84, S. 20–54).

Kolonder, J. L.
Retrieval and Organization Strategies in Conceptual Memory: A Computer Model. Research Report No. 187, Dep. of Computer Science, Yale University, New Haven, 1980.

Krause, J.
Praxisorientierte natürlichsprachliche Frage-Antwort-Systeme, zur Entwicklung vor allem in der Bundesrepublik Deutschland. Nachrichten für Dokumentation, 34, 4/5, 1983, S. 188 ff.

Kreifelts, T.; Wißkirchen, P.
Zur Architektur von Bürokommunikationssystemen. In: (Hansen 82, S. 394–404).

Krönert, G.; Horak, W.
Bürodokumentarchitektur: Standard ECMA 101 und Stand der Normung (Teil 1–2). Computerwoche, 13, 15, 1986, S. 24. Computerwoche, 13, 16, 1986, S. 20–22.

Kreplin, K.; Rieder, H. K.
Wissensbasierte Post-Klassifikationssysteme. Forschungsbericht zum WISDOM-Verbundprojekt, FB-TA-86–28, Nürnberg, 1986.

Kuhlen, R. (Hrsg.)
Datenbasen, Datenbanken, Netzwerke: Praxis des Information Retrieval, Band 1, Aufbau von Datenbasen. München, 1979.

Kupka, I.; Maass, S.; Oberquelle, H.
Kommunikation in Mensch-Rechner-Dialog. Informatik-Fachberichte, 57, 1982, S. 221–230.

Lancaster, F. W.
Vocabulary Control for Information Retrieval. Washington, D.C., 1972

Landauer, T. K.; Galott, K. M.; Hartwell, S.
Natural Command Names and Initial Learning: A Study of Text-Editing Terms. Commun. ACM, 26, 7, 1983, S. 495–503.

Landauer, T. K.
Psychological Research as a Mother of Invention. Proc. CHI'85 Human Factors in Computing Systems, San Francisco, ACM, 1985, S. 44–45.

Lasta, H.
Die computergestützte Arbeits- und Informationsumgebung im Büro am Beispiel von COAST. In: (Hansen 82, S. 378–394).

Laubsch, J.; Rösner, D.; Hanakata, K.; Lesniewski, A.
Language Generation from Conceptual Structure: Synthesis of German in a Japanese/German MT Project. Erscheint in: COLING 84, Proceedings, 1984.

Lauter, B.
Mensch-Maschine-Interaktion. In: (Fischer 82b, S. 399–426).

Lee, A.; Lochovsky; F. H. (85 a)
User Interface Design. In: (Tsichritzis 85a, S. 3-20).

Lee, D. L.; Lochovsky, F. H. (85 b)
Text Retrieval Machines. In: (Tsichritzis 85a, S. 339–376).

Lockheed Information Systems
Guide to DIALOG Searching. Palo Alto, 1979.

Lustig, G.
Ansätze einer realistischen automatischen Indexierung unter Verwendung statistischer Verfahren. In: (Kuhlen 79, S. 339-368).

Malone, T. W.
How do people organize their desks? Implications for the design of office information systems. ACM Transactions on Office Information Systems, 1, 1, 1983, S. 99–112.

Malone, T. W.
Designing Organizational Interfaces. Proc, CHI'85 Human Factors in Computing Systems, San Francisco, ACM, 1985, S. 66 – 71.

Maurer, H.
Datenstrukturen und Programmierverfahren. Stuttgart, 1974.

Mayer, R. E.
The Psychology of How Novices Learn Computer Programming. Computing Surveys, 13, 1, 1981, S. 121 – 141.

Meyer, B. E.; Schneider, H.-J.
Tools for Information System Design and Realization. In: (Schneider 79, S. 129).

Midas Micro-Datensysteme GmbH
LARS, Benutzerhandbuch. Frankfurt, 1985.

Minsky, M.
A Framework for Representing Knowledge. In: (Winston 75).

Molzberger, P.
Der Computer als Kommunikations-Partner? In: (Schauer 84, S. 268 – 311).

Moran, T. P.
An Applied Psycholgy of the User. ACM Computing Surveys, 13, 1, 1981 a, S. 1-11.

Moran, T. P.
The command language grammar: A representation of the user interface of interactiv computer systems. Int. J. Man Machine Studies, 15, 1981 b, S. 3-50.

Morehead, D. R.; Pejtersen, A. M.; Rouse, W. B.
The Value of Information and Computer-Aided Information Seeking: Problem Formulation and Application to Fiction Retrieval. Information Processing & Management, 20, 5/6, 1984, S. 583 – 601.

Morland, D. V.
Human factor guidelines for terminal interface design. Commun. ACM, 26, 7, 1983, S. 484 – 494.

Mundt, B.
Entwurf und Implementierung eines "Spelling-Checkers" für deutschsprachige Texte. Diplomarbeit, FB-Informatik, TU-Berlin, 1985.

Myers, B. A.
The Importance of Percent-Done Progress Indicators for Computer-Human-Interfaces. Proc. CHI'85 Human Factors in Computing Systems, San Francisco, ACM, 1985, S. 11 – 17.

Nagel, K. (Hrsg.)
Bürokommunikation heute und morgen, Einflüsse – Techniken – Systeme. München, Wien, 1982.

Newell, A.; Simon, H. A.
Human Problem Solving. Prentice-Hall, 1972.

Nijssen, G. M.: (Hrsg.)
Modelling in data base management systems. Amsterdam, 1976.

Norman, D. A.; Bobrow, D. G.
Descriptions: An Intermediate Stage in Memory Retrieval. Cognitive Psychology, 11, 1979, S. 107–123.

Norman, D. A.
Design rules based on Analyses of human error. Commun. ACM, 26, 4, 1984, S.254–285.

Nullmeier, E.; Rödiger, K.-H.
Psychologische Kriterien für die Gestaltung von Dialogschnittstellen. Office Management, Sonderheft „Mensch-Maschine-Kommunikation“, April 1983, S.32–33.

Panko, R. R.
38 Offices: Analyzing Needs in individual Offices. ACM Transactions on Office Information Systems, 2, 3, 1984, S. 226–234.

Pape, U.; Sedeno-Andres, F.; Holl, F.-L.
Entwurf eines dialogorientierten Speicherungs- und Auskunfts-Systems für Bibliographien auf Kleinrechnern. Berlin, 1981.

Plate, J.
Suchen – phonetisch. MC, 6, 1984, S. 49.

Prajitno Suprapto, I.
Entwurf und Implementierung eines benutzerfreundlichen, navigierfähigen Informations-Retrieval-Systems für den Einsatz im Bürobereich. Diplomarbeit, FB-Informatik, TU-Berlin, 1986.

Rabitti, F.
A Model for Multimedia Documents. In: (Tsichritzis 85a, S. 227–250).

Reitman Olson, J.
Expanded Design Procedures for Learnable, Usable Interfaces. Proc. CHI’85 Human Factors in Computing Systems, San Francisco, ACM, 1985, S. 142–143.

Resnick, L. B.
Instructional Psychology. Annual Review Psychology, 32, 1981, S. 659–704.

Richter, G.
Realitätsgetreues Modellieren und modellgetreues Realisieren von Bürogeschehen. In: (Wisskirchen 83, S. 145-214).

Rollinger, C.-R.
Die Repräsentation natürlichsprachlich formulierten Wissens – Behandlung der Aspekte Unsicherheit und Satzverknüpfung. Dissertation, Technische Universität Berlin, 1985.

Rösner, D.
SEM-NET-GRAPHICS – zum Einsatz einer Graphikkomponente in einem Projekt zur maschinellen Sprachübersetzung. GI-Fachgespräche MICROGRAPHICS, Tagungsband, 1984.

Rouse, W. B.; Rouse, S. H.
Human Information Seeking and Design of Information Systems. Information Processing & Management, 20, 1–2, 1984, S. 129–138.

Rühl, G.
Methoden, Ergebnisse und offene Fragen der soziotechnischen Systemforschung. Zeitschrift für Arbeitswissenschaft, 29, 1975, S. 79 ff.

Sacco, G. M.
OTTER – An information retrieval system for office automation. Proc. 2nd ACM-SIGOA Conference, Toronto, 1984, S. 104–112.

Salton, G.; Lesk, M. E.
The SMART Automatic Document Retrieval System – An Illustration. Commun. ACM, 8, 6, 1965.

Salton, G.
Automatic Information Organization and Retrieval. New York, 1968.

Salton, G. (Hrsg.)
The SMART Retrieval System: Experiments in Automatic Document Processing. Englewood Cliffs, 1971.

Salton, G.; Mc Gill, M. J.
Introduction to Modern Information Retrieval. New York, 1983.

Salton, G.
Some Characteristics of Future Information Systems. ACM-SIGIR, 18, 2–4, 1985, S. 28–39.

Samet, P. A. (Hrsg.)
Query Languages – A unified approach. Cambridge, 1981.

Schauer, H.; Tauber M. J. (Hrsg.)
Psychologie der Computernutzung. Wien, München, 1984.

Schneider, H.-J. (Hrsg.)
Formal Models and Practical Tools for Information Systems Design. Proc. IFIP TC-8 Working Conference on Formal Models and Practical Tools for Information Systems Design, Oxford, 1979.

Schneider, M.; Thomas, J. C.
The humanization of computer interface. Commun. ACM, 26, 4, 1983, S. 252–253.

Schneider, H.-J.
Neue Bürogestaltung durch Inhouse-Kommunikations- und Informationssysteme. Interner CIS-Bericht Nr. 4/85, TU-Berlin, 1985.

Schneider, H.-J. (Hrsg.)
Lexikon der Informatik und Datenverarbeitung. München, 1986.

Schott, G.
Automatische Deflexion deutscher Wörter unter Verwendung eines Minimalwörterbuchs. Sprache und Datenverarbeitung, 2, 1, 1978, S. 62–77.

Schumann, M.
Computergestützte Eingangspostbearbeitung – Überblick über den Stand und weitere Forschungsaufgaben. In: Büroautomation, German Chapter ACM, Stuttgart, 1986, S. 70–87.

Schweppe, H.
Eine Methodik für einheitliche, natürlichsprachlich orientierte Benutzerschnittstellen bei existierenden Datenbanksystemen. Diss. Universität Berlin, 1979.

Seybold, J.
The XEROX Star: A professional workstation. The Seybold Report on Word Processing 4/5, 1981.

Shoval, P.
Principles, Procedures and Rules in an Expert System for Information Retrieval. Information Processing & Management, 21, 6, 1985, S. 475–487.

Shneidermann, B.
Direct manipulation: a step beyond programming languages. IEEE Computer, 16, 8, 1983, S. 57–69.

Simon, H. A.
The sciences of the artificial. MIT Press, Cambridge, 1984.

Spence, R.; Apperley, M.
Data base navigation: An office environment for the professional. Behaviour and Information Technology, 1, 1, 1982, S. 43–54.

Steinacker, I.
Syntaktisches und semantisches Parsing und seine Integration im System VIE-LANG. Österreichische Studiengesellschaft für Kybernetik, 1984.

Suchman, L. A.
Office procedure as practical action: Models of work and system design. ACM Transactions on Office Information Systems, 1, 4, 1983, S. 320–328.

Suchman, L. A.
Procedures and Problems in the Office. Office: Technology and People, 2, 1984, S. 133–154.

Süß, C.; Lechermann. J.
Mathematische Modellierung und funktionelle Beschreibung von Dokumenten Retrieval Systemen – Anwendung der ISAC-Methode auf das System FAKYR. Diplom-Arbeit, Technische Universität Berlin, 1981.

Szyperski, N.; Grochla, E.; Höring, K.; Schmitz, P.
Bürosysteme in der Entwicklung. Braunschweig, 1982.

Tauber, M. J.
Zum Konzept von Metakommunikation mit Systemen. In: (Schauer 84, S. 344–363).

Thurmair, G.
Morphologische Verfahren in Information-Retrieval-Systemen. In: (Fischer 82b, S. 263–301).

Tou, F. N.; Williams, M. D.; Fikes, R.; Henderson, A.; Malone, T.
RABBIT: An intelligent Database Assistent. Proc. American Ass. for Artificial Intelligence, 8, 1982, S. 16–20.

Trost, H.
Deklarative Wissenspräsentation: Ein Überblick und eine Anwendung im Bereich natürlichsprachlicher Systeme. Österreichische Studiengesellschaft für Kybernetik, 1984.

Tsichritzis, D.
Form Management. Commun. ACM, 25, 7, 1982, S. 453–478.

Tsichritzis, D. et al.
Design Issues of a File Sever for Multimedia Documents. Draft-Paper, Esprit Pilot Project No. 28, 1984.

Tsichritzis, D. (Hrsg.)
Office Automation, Berlin, Heidelberg, 1985 a.

Tsichritzis, D.; Christodoulakis, S.; Lee, A.; Vandenboek, J. (85 b)
A Multimedia Filing System. In: (Tsichritzis 85a, S. 43–66).

Uhlig, R. P.; Farber, D. J.; Blair, H.
The office of the Future – Communication and Computers. Amsterdam, New York, Oxford, 1982.

Vickery, B. C.
Dokumentationssysteme – Einführung in die Theorie der Dokumentationssysteme. München, Berlin, 1971.

Wegener, K. C.
Strukturierung von Weltausschnitten durch Nominalphrasenanalyse. Diss., Universität Stuttgart, 1977.

Weyer, S. A.
Searching for Information in a Dynamic Book. XEROX-PARC, SCG-82–1, 1982.

Weyer, S. A.; Borning, A.
A Prototype Electronic Encyclopedia. Technical Report No. 84–08–01, University of Washington, 1984.

Williams, M.D.
Retrieval by instantiation: A proposal for a novel Database Retrieval Interface for novices. XEROX-PARC, CIS Memo-1, 1981.

Williams, M. D.; Ton, F. N.
RABBIT: An Interface for Database Access. Proc. of the ACM,1982.

Winston, P. H. (Hrsg.)
The Psychology of Computer Vision. New York, 1975.

Winston, P. H.; Prendergast, K. A. (Hrsg.)
The AI Business: Commercial Use of Artificial Intelligence. Cambridge, 1984.

Wißkirchen, P.; Kreifelts, T.; Krückeberg, F.; Richter, G.; Wurch, G. (83 a)
Informationstechnik und Bürosysteme, Stuttgart, 1983.

Wißkirchen, P. (83 b)
Bürokommunikation im Überblick. In: (Wisskirchen 83a, S. 9-41).

Witten, I. H.; Bramwell, B.
A system for interactive viewing of structured documents. Commun. ACM, 28, 3, 1985, S. 280–288.

Zeidler, A.
Der AUTOPILOT: Ein Hilfsmittel zur benutzeradaptiven Dialoggestaltung. In: (Fischer 82b, S. 459–474).

Ziegler, J.
Software Ergonomie. Computer Woche, 28, 1985, S. 22–24.

Zimmermann, R.
Einsatz neuartiger Kommunikationstechniken in Dornier-Informations- und Kommunikationssystemen. In: (Hansen 82, S. 443–466).

Zloof, M. M.
Query-by-Example: A Database Language. IBM System J., 16, 4, 1977, S. 324–343.

Zloof, M. M.
Office-by-Example: A Business Language that Unifies Data and Word Processing and Electronic Mail. IBM System J., 21, 3, 1982, S. 272–304.

Sachregister

FSC
www.fsc.org
MIX
Papier | Fördert
gute Waldnutzung
FSC® C083411

Zeitfracht Medien GmbH
Ferdinand-Jühlke-Straße 7
99095 Erfurt, Deutschland
produktsicherheit@kolibri360.de